플랜트엔지니어 1 · 2급 필기 + 실기 시험대비서

플랜트엔지니어 기술이론

3 PLANT PROCUREMENT

(재)한국플랜트건설연구원 교재편찬위원회
홈페이지 www.cip.or.kr

PREFACE

최근 세계건설시장의 지속적인 성장으로 2020년의 시장규모는 2019년 대비 3.4% 상승한 11조 6,000억 달러가 될 것으로 추정하고 있다. 특히, 아시아와 중동에서 개발도상국들의 인프라 투자 증가, 산유국의 플랜트 설비 건설 등으로 플랜트 건설시장이 확대됨에 따라 2025년까지 5% 내외의 성장이 지속될 것으로 전망하고 있다.

우리나라의 경우도 해외 건설수주는 2006년 이후 매년 성장하여 2010년 716억 달러, 2014년 661억 달러를 달성하였고, 2015년부터 세계경제상황 악화로 200억~400억 달러 수준의 실적 정도밖에 달성하지 못하였지만 2021년부터는 점증적인 수주확대가 전망된다. 수출산업으로 부상한 해외건설은, 특히 플랜트 부문이 60%를 상회하는데, 세계 플랜트시장 점유율 10.5% 정도로 전 세계 4위의 위상을 나타내고 있다. 이는 아시아, 중동을 중심으로 국내 기업이 높은 실적을 점유하고 있는 발전 분야, 석유화학 분야, 가스처리 분야 등에서 호조를 나타낸 결과라 할 수 있겠다.

그러나 이러한 외부적 호황에 따른 과제 역시 산적해 있다. 즉, 발전소, 담수설비, 오일/가스설비, 석유화학설비, 해양설비, 태양광설비 등 분야별 전문기술 · 원가 · 사업관리의 경쟁력을 강화해야 할 뿐 아니라 절대적으로 부족한 플랜트 전문인력 양성이 절실히 요구되고 있는 것이다.

이에 (재)한국플랜트건설연구원에서는, 플랜트 산업의 경쟁력 확보 및 전문지식, 창의성, 도전정신을 겸비한 융합형 전문인력 양성이라는 시대적 사명과 비전을 가지고 국토교통부의 적극적인 지원으로 플랜트엔지니어 자격검정과정을 도입하여 시행하고 있다.

본서는 플랜트엔지니어 자격검정을 위한 교재로서, 전문지식과 E · P · C 사업 수행의 역량을 갖추어 플랜트 산업 발전과 경쟁력 향상에 기여할 수 있는 인재로 거듭나는 과정에서 중요한 지침서로서의 역할을 해줄 것으로 기대되는 바, 주요 내용은 다음과 같다.

- PLANT PROCESS : 직업기초능력 향상과 Plant Process 이해
- PLANT ENGINEERING : 설계 공통사항과 각 공종별 설계
- PLANT PROCUREMENT : 기술규격서 및 자재구매사양서
- PLANT CONSTRUCTION : 공종별 시공절차와 시운전지침

끝으로 편찬을 위해 참여해 주신 국내 최고의 플랜트 전문가들과 출간을 맡아준 도서출판 예문사, 그리고 본 연구원의 임직원들께 깊은 감사의 마음을 전한다.

2021년 1월
(재)한국플랜트건설연구원
원장 김영건

INFORMATION
시험정보

플랜트엔지니어 1 · 2급

최근 급성장하는 플랜트 산업 분야에서 가장 큰 애로사항은 금융 · 인력 · 정보 부족인 것으로 나타나고 있으며, 특히 산업설비 플랜트 건설의 국제화, 전문화에 따른 기술개발 및 전문가의 인력보급은 국제 경쟁력 확보 및 플랜트 산업기술의 성공적인 추진을 위한 최우선 해결과제이다.

이에 플랜트전문인력 양성기관인 (재)한국플랜트건설연구원에서는 플랜트업계가 요구하는 EPC Project [Engineering(설계) · Procurement(조달) · Construction(시공 및 시운전)]을 수행할 인재양성교육과 플랜트 관련 지식의 전문화 및 표준화를 위해 노력한 결과 2013년 6월 16일 한국직업능력개발원에 "플랜트엔지니어 1급 · 2급" 자격증 신설 및 시행에 대한 등록을 완료하였다.

플랜트엔지니어 자격시험을 통해 검증된 전문인력의 양성으로 국가 경쟁력 확보 및 플랜트 분야 일자리 확대 효과, 플랜트 산업 분야에서 전문성을 갖춘 인력을 필요로 하는 기업의 인력난 미스매치 해소, 전문인력의 전문성에 부합되는 교육을 통한 업무의 효율 증가, 전문지식 습득으로 인한 직무만족 상승 등과 같은 효과를 기대할 수 있을 것이다.

2013년 플랜트엔지니어 자격시험 신설 및 첫 시행

2013년 8월 17일 1회 필기시험을 통해 플랜트엔지니어 자격취득자를 33명 배출하였으며, 이를 시작으로 계속적으로 연 2회 시행되고 있다.

플랜트엔지니어 자격검정 기본사항

[1] 플랜트엔지니어 시험개요

자격명	플랜트엔지니어
민간자격관리사	(재)한국플랜트건설연구원
자격의 활용	1. 플랜트 업체에서 수행하고 있는 E.P.C Project에 즉시 참여할 수 있다. 2. 플랜트 업체의 전체 업무 흐름을 파악하고, 이해할 수 있다. 3. 자격의 등급별 직무내용을 설정하여 자격을 취득한 후 산업 및 교육 분야에서 활용할 수 있도록 추진한다.

[2] 플랜트엔지니어 자격검정기준

자격등급	검정기준
플랜트엔지니어 1급	플랜트 건설공사 추진 시 수반되는 제반 기초기술을 관리할 수 있는 능력을 겸비한 자 • 프로젝트 계약, 문제해결능력, 사업관리 능력 • 토목/건축, 기계/배관, 전기/계장, 화공/공정 프로세스의 기초설계능력 • 주요 기자재의 기술규격서, 구매사양서 작성기준 • 각 공종별 시공절차 등
플랜트엔지니어 2급	플랜트 건설공사 추진 시 수반되는 제반 초급 기초기술을 관리 보조할 수 있는 능력을 겸비한 자 • 프로젝트 계약, 문제해결능력, 사업관리능력 • 토목/건축, 기계/배관, 전기/계장, 화공/공정 프로세스의 기초설계능력 • 주요 기자재의 기술규격서, 구매사양서 작성기준 • 각 공종별 시공절차 등

[3] 플랜트엔지니어 등급별 응시자격

자격종목	응시자격
플랜트엔지니어 1급	1급의 응시자격은 다음 각 호의 어느 하나에 해당된 자로 한다. 1. 공과대학 4년제 이상의 대학졸업자 또는 졸업예정자 동등 이상의 자격을 가진 자 2. 3년제 전문대학 공학 관련 학과 졸업자로서 플랜트 실무경력 1년 이상인 자 3. 2년제 전문대학 공학 관련 학과 졸업자로서 플랜트 실무경력 2년 이상인 자 4. 플랜트엔지니어 2급 취득 후, 동일 분야에서 실무경력 1년 이상인 자
플랜트엔지니어 2급	2급의 응시자격은 다음 각 호의 어느 하나에 해당된 자로 한다. 1. 2년제 또는 3년제 공과 전문대학 졸업자 또는 졸업예정자 2. 공업 관련 실업계 고등학교 졸업자로서 플랜트 실무경력 2년 이상인 자

[비고] 공과대학에 관련된 학과란 기계, 전기, 토목, 건축, 화공 등 플랜트 건설 분야에 참여하는 학과를 말하며, 기타 분야에서 플랜트 산업 분야의 해당 유무 또는 실무경력의 인정에 대한 사항은 "응시자격심사위원회"를 열어 결정한다.

[4] 플랜트엔지니어 시험 출제기준

1. 검정과목별로 1차 객관식(4지 택일형)과 2차 주관식(필답형)으로 출제한다.
2. 전문 분야에서 직업능력을 평가할 수 있는 문항을 중심으로 출제한다.
3. 세부적인 시험의 출제기준은 다음과 같다.

자격등급	검정방법	검정과목(분야, 영역)	주요 내용
플랜트 엔지니어 1급	1차 필기시험 (객관식)	Process (25문항)	1. 문제해결능력과 국제영문계약에 대한 직업 기초능력 2. 사업관리, 안전관리, 품질관리, 회계 기본이론 등 프로젝트 매니지먼트 3. 석유화학, 화력발전, 원자력발전, 해수담수, 신재생에너지, 해양플랜트에 대한 프로세스 이해
		Engineering(설계) (25문항)	1. P&ID 작성 및 이해, 보일러 설계 및 부대설비, 터빈 및 보조기기에 대한 공통사항 2. 플랜트 토목설계, 토목기초 연약지반, 플랜트 건축설계 3. 플랜트 장치기기 설계, 플랜트 배관설계 및 플랜트 레이아웃 4. 전력계통 개요와 분석, 비상발전기 등 전기설비, 계측제어 및 DCS 설계 5. 공정관리 및 공정설계
		Procurement(조달) (25문항)	1. 기술규격서 작성 2. 주요 자재 구매사양서 3. 입찰평가 및 납품관리계획서 4. 공정별 건축재료의 특성
		Construction(시공) (25문항)	1. 토목/건축공사 시공절차 2. 기계/배관공사 시공절차 3. 전기/계장공사 시공절차 4. 플랜트 시운전 지침
	2차 실기시험 (주관식)	Process Engineering(설계) Procurement(조달) Construction(시공) (20문항)	1. 사업관리, 안전관리, 품질관리, 국제영문계약에 대한 기초지식 2. 석유화학, 화력발전, 원자력발전, 해수담수, 신재생에너지, 해양플랜트의 특징 3. 플랜트 토목, 건축 설비에 대한 설계 분야의 기본지식 4. 플랜트 건설공사 중 기계장치, 배관, P&ID 설계 5. 전력계통과 전기설비 설계 및 계측제어, DCS 설계 6. 공정제어 및 공정설계 7. 주요 기자재 기술규격서 작성 8. 조달 자재의 구매사양서와 입찰평가 및 납품관리계획서 9. 건축자재 특성의 이해 10. 플랜트의 토목, 건축공사 시공절차 11. 기계/배관공사 시공절차 12. 전기/계장공사 시공절차 13. 플랜트의 시운전 지침에 대한 이해

자격등급	검정방법	검정과목(분야, 영역)	주요 내용
플랜트 엔지니어 2급	1차 필기시험 (객관식)	Process (25문항)	1. 문제해결능력과 국제영문계약에 대한 직업 기초능력 2. 사업관리, 안전관리, 품질관리, 회계 기본이론 등 프로젝트 매니지먼트 3. 석유화학, 화력발전, 원자력발전, 해수담수, 신재생에너지, 해양플랜트에 대한 프로세스 이해
		Engineering(설계) (25문항)	1. P&ID 작성 및 이해, 보일러 설계 및 부대설비, 터빈 및 보조기기에 대한 공통사항 2. 플랜트 토목 설계, 토목기초 연약지반, 플랜트 건축설계 3. 플랜트 장치기기 설계, 플랜트 배관설계 및 플랜트 레이아웃 4. 전력계통 개요와 분석, 비상발전기 등 전기설비, 계측제어 및 DCS 설계 5. 공정관리 및 공정설계
		Procurement(조달) (25문항)	1. 기술규격서 작성 2. 주요 자재 구매사양서 3. 입찰평가 및 납품관리계획서 4. 공정별 건축재료의 특성
		Construction(시공) (25문항)	1. 토목/건축공사 시공절차 2. 기계/배관공사 시공절차 3. 전기/계장공사 시공절차 4. 플랜트 시운전 지침
	2차 실기시험 (주관식)	Process Engineering(설계) Procurement(조달) Construction(시공) (20문항)	1. 사업관리, 안전관리, 품질관리, 국제영문계약에 대한 기초지식 2. 석유화학, 화력발전, 원자력발전, 해수담수, 신재생에너지, 해양플랜트의 특징 3. 플랜트 토목, 건축 설비에 대한 설계 분야의 기본지식 4. 플랜트 건설공사 중 기계장치, 배관, P&ID 설계 5. 전력계통과 전기설비설계 및 계측제어, DCS 설계 6. 공정제어 및 공정설계 7. 주요 기자재 기술규격서 작성 8. 조달 자재의 구매사양서와 입찰평가 및 납품관리계획서 9. 건축자재 특성의 이해 10. 플랜트의 토목, 건축공사 시공절차 11. 기계/배관공사 시공절차 12. 전기/계장공사 시공절차 13. 플랜트의 시운전 지침에 대한 이해

[5] 플랜트엔지니어 검정영역 및 검정시간

자격등급	검정방법	검정시간	시험문항	합격기준
플랜트 엔지니어 1급	1차 필기시험 (객관식)	120분	Process 25문항 Engineering(설계) 25문항 Procurement(조달) 25문항 Construction(시공) 25문항 총 100문항	100점을 만점으로 하여 과목당 40점 이상, 전과목 평균 60점 이상
	2차 실기시험 (주관식)	120분	Process 5문항 Engineering(설계) 5문항 Procurement(조달) 5문항 Construction(시공) 5문항 총 20문항	100점을 만점으로 하여 60점 이상
플랜트 엔지니어 2급	1차 필기시험 (객관식)	120분	Process 25문항 Engineering(설계) 25문항 Procurement(조달) 25문항 Construction(시공) 25문항 총 100문항	100점을 만점으로 하여 과목당 40점 이상, 전과목 평균 60점 이상
	2차 실기시험 (주관식)	120분	Process 5문항 Engineering(설계) 5문항 Procurement(조달) 5문항 Construction(시공) 5문항 총 20문항	100점을 만점으로 하여 60점 이상

[6] 시험의 일부면제

1. 플랜트엔지니어 1 · 2급 필기 합격자는 합격자 발표일로부터 2년 이내에 당해 등급의 실기시험에 재응시할 경우 필기시험을 면제한다.
2. 플랜트 관련 교육과정(240시간 이상)을 수료한 자는 필기시험과목 중 제1과목에 대해 면제한다. (제1과목 면제기준일 : 실기시험 원서접수 시까지 교육 이수자)

※ 실기시험 원서접수 시 관련 증빙서류 제출(미제출 시 필기시험 불합격 처리)

[7] 응시원서 접수

1. 시험 응시료(현금결제 및 계좌이체만 가능)

필기시험	20,000원
실기시험	40,000원

※ 원서 접수기간 중 오전 9시~오후 6시까지 접수 가능(접수기간 종료 후에는 응시원서 접수 불가)

※ 시험 응시료는 접수기간 내에 취소 시 100% 환불되며 접수 종료 후 시험 시행 1일 전까지 취소 시 60% 환불되고 시험 시행일 이후에는 환불 불가함

2. 시험원서 접수 및 문의

① 접수

홈페이지 www.cip.or.kr 인터넷 원서접수

② 입금계좌

국민 928701-01-169012 ((재)한국플랜트건설연구원)

③ 문의

02-872-1141

[8] 합격자 결정

1. 필기시험은 각 과목의 40% 이상, 그리고 전 과목 총점(400점)의 60%(240점) 이상을 득점한 자를 합격자로 한다.
2. 실기시험은 채점위원별 점수의 합계를 100점 만점으로 환산하여 60점 이상 득점한 자를 합격자로 한다.

※ 합격자 발표는 (재)한국플랜트건설연구원 홈페이지 www.cip.or.kr를 통해 발표일 당일 오전 9시에 공고된다.

3. 합격자에 대한 자격증서 및 자격카드 발급비용은 50,000원이며 신청 시 계좌이체해야 한다(자격증 발급 신청 후 개별 제작되어 환불은 불가능).

CONTENTS
목차

P L A N T E N G I N E E R

SECTION 01 기술규격서, 입찰평가 및 납품관리계획서

1 플랜트 구매업무절차서 3

[1] 일반사항 3
1. 플랜트 구매 목적 3
2. 적용범위 3
3. 자재의 분류 4

[2] 플랜트 구매 4
1. 구매 원칙 4
2. 구매 방식 4
3. 구매 Cycle 단축 5
4. 일반 구매 절차 7
5. 단가계약 절차 13
6. 변경 계약 관리 14
7. 하자보수이행증권 등 각종 증권관리 15

[3] Plant Project 입찰 지원 업무 16
1. 업무 Flow 16
2. 견적 접수 및 기자재 Costing 지원업무 16

2 RFQ 지침서 19

[1] RFQ Elements 19
1. Technical Requisition 및 RFQ 19
2. Instruction to Bidder(ITB) 19
3. Technical Requisition 20
4. General Terms & Conditions 20
5. Shipping & Packing Requirement 20
6. Source Inspection Plan 21
7. General Conditions for Vendor Supervising Service 21

[2] RFQ Routing & Approval 21
1. Positions & Responsibilities 21
2. RFQ Issue 22
3. RFQ Addendum 22

[3] Minimum Quotations 22
1. 최소 Quotation 22

2. 최소 Quotation 미만 22
3. Sole Quotation 23
4. Bid Expediting 23
5. 견적 마감일 연장 23

[4] Clarification of RFQ Requirements 23
1. Commercial Clarification 23
2. Technical Clarification 23

[5] Security of Bids & Short Bidder List 24
1. Receipt of Bids 24
2. Security of Bids 24
3. Priced Quotation의 회사 내 보안 24
4. Short Bidder List의 선정 24

[6] Bid Opening & Distribution 25
1. Sealed Bids 25
2. Opening of Sealed Bids 25

3 Bid Evaluation 지침서 26

[1] Bid Summary 26
1. Bid Summary 준비 26
2. 구매와 Engineering과의 Coordination 26
3. Evaluation Factors 26
4. Procedure 27

[2] Clarification 28
1. Clarification 방법 28
2. Bidder's Exception 처리 28
3. Bid Review Meeting 29

[3] Negotiation 31
1. 정의 31
2. Negotiation 준비 31
3. Negotiation 전략 31
4. Meeting Note 32
5. Negotiation Process 32

[4] Bid Summary Approval 33
1. Bid Summary 품의 33
2. Purchase Order Deviation 33

4 Purchase Order 34

[1] Letter of Intent 34
1. 목적 34
2. L/I 조건 34

[2] Notification to Unsuccessful Bidder 34
1. Unsuccessful Bidder에의 통지 34
2. Unsuccessful Bidder의 사유 문의 35

[3] Element of Purchase Order 35
1. General 35
2. Technical Requisitions 35
3. Basic Purchase Order Data 36
4. General Terms and Conditions 39
5. Special Terms and Conditions 43
6. Shipping & Packing Requirement 48
7. Business Partner's Progress Report Instruction 48
8. Source Inspection Plan 48
9. Supervision Service Condition 48
10. Purchase Order Numbering System 48

[4] Purchase Order Approval and Acknowledgement 49
1. Purchase Order Approval 49
2. Business Partner's Acknowledgement 49

5 글로벌 소싱 매뉴얼 50
[1] 목적 50

[2] 신규업체 발굴 세부절차 50
1. 신규업체 발굴 품목 확정 시 고려항목 50
2. 업체 리스트 수집 및 업체 조사 시 고려항목 50
3. 지역별 신규 발굴 대상 업체 Spreadsheet 작성 50
4. 1차 실사 대상 업체 검증 작업 50
5. 2차 실사 대상 업체 검증 작업 51
6. Preliminary 대상 업체 확정 51

[3] 신규업체 사전 검증 세부절차 51
1. 사전 검증을 위한 업체 제출 서류 요청 및 접수 51
2. 재무 신용도 조사 의뢰 – D & B Korea를 통한 재무 평가 51
3. 유관 부서 그룹 미팅 51
4. 대상 업체와의 방문일정 확정 51
5. 방문 실사 52
6. 사전 검증 업체 평가표 작성 52
7. 유관 부서 그룹 미팅을 통한 실사 결과 검토 52
8. 신규 발굴 추가 업체 확정 52
9. 향후 활용 52

[4] 관련 보고서 53

[5] 보고서 작성 및 보고 시기의 예 53

6 기계장치 Expediting 지침서 54
[1] 목적 54
[2] 일반사항 54
[3] 시행 절차 54
1. Order Commitment 단계 54
2. Engineering 단계 55
3. Sub-order 단계 56
4. 제작 착수 단계 57
5. 제작 단계 58
6. 검사 조직과의 Communication 59
7. 운송 단계 60
8. 운송 후 단계 60
[4] Expediting Level 61
1. Grade S 61
2. Grade A 61
3. Grade B 61

7 기타 지침서 62
[1] 배관 Expediting 업무수행 지침서 62
1. Piping Bulk의 개념 62
2. Piping Bulk Item(Bulk 자재) 62
3. Equipment와 Piping Bulk 자재의 특성 비교 63
4. Piping Bulk 자재의 발주, 납기 관리 64
5. Piping Bulk 자재 Expediting 66
[2] 전기, 계장 Expediting 업무 수행 지침서 72
1. 목적 72
2. 전기/계장 품목 Group별 Expediting 72
[3] PPM 업무수행 지침서 74
1. PPM(Project Procurement Manager)의 선임 74
2. Project Procurement Plan 작성 74
3. Project Risk 관리 75
4. 구매 업무 System 75
5. Procurement Procedure 작성 76
6. P/O Terms & Conditions Review 및 확정 78
7. Project Vendor List 준비 78
8. Status, Report Format 확정 78
9. 발주처에 승인받아야 할 구매 관련 Document 확정 78
10. Procurement Document Distribution Schedule 확정 79
11. 유지 관리해야 할 구매 관련 File 확정 79
12. Project Procurement 실행 예산 작성 79
13. Master Schedule 관리 및 숙지 80

14. Procurement Activity Control & Monitoring 80
15. 해외지점 활용방안 Study 80
16. 대 발주처 Monthly Meeting 참석 80
17. Procurement Progress 산정방법 확정 81
18. Meeting Arrange 81

[4] 공장검사업무 매뉴얼 81
1. 목적 81
2. 검사원의 업무 및 자격요건 81
3. 검사의 종류 82
4. 검사업무 절차 85
5. 부적합사항 처리 절차 92

[5] 공장검사 업무수행지침서 94
1. 적용범위 94
2. 정의/약어 94
3. 수행절차 95
4. 공장검사 업무흐름도(플랜트) 97

[6] 용역검사원 등록 및 자격관리 지침서 97
1. 적용범위 97
2. 책임 97
3. 적격성 확보 98
4. 적격성 유지 99

[7] 검사용역사 등록 및 관리 지침서 99
1. 적용범위 99
2. 일반사항 99
3. 시행절차 100

[8] 검사예산 수립지침서 101
1. 적용범위 101
2. 용어 정의/약어 101
3. 작성기준 101
4. 책임사항 102
5. 시행절차 103
6. 예산 확정 및 변경 104

[9] 공장검사 부적합 사항 처리지침서 104
1. 적용범위 104
2. 용어 정의/약어 104
3. 일반사항 105
4. 시행절차 106
5. 공장검사 부적합 처리업무 흐름도 108

[10] SIP 작성 지침서 109
1. 적용범위 109

2. 용어 정의/약어 109
3. Inspection Level 109
4. 시행절차 110

[11] PIC 업무 수행지침서 112
1. 적용범위 112
2. 업무 프로세스 112
3. Work Scope between PIC & 발주회사 116

[12] Pre-Inspection Meeting 수행 지침서 117
1. 목적 117
2. 시행절차 118

[13] Logistics 업무수행지침서 122
1. Logistics Responsibilities 122
2. Logistics Plan 123
3. Freight Forwader와의 계약체결 125
4. Tracing Shipments 126
5. Container, Bulk & Oversized Shipments 127
6. Hazardous Material Shipments 130
7. Lost and Damage Claims 131
8. Shipping and Packing Instruction 133

SECTION 02 기자재 구매사양서

1 기자재 구매사양서 138
[1] 기자재 구매사양서의 의의 138
[2] 기자재 구매사양서의 종류 138
1. 주기기 공급계약서 138
2. 보조기기 공급계약서 138

2 기자재 구매계약 방법 및 절차 141
[1] 기자재 구매계약을 위한 입찰방식 141
1. 일반경쟁 입찰방식(Open Bidding)에 의한 계약방식 141
2. 제한경쟁입찰방식에 의한 계약방식 141
3. 지명경쟁입찰방식에 의한 계약방식 141
4. 수의계약(Optional Contract)에 의한 계약방식 141
[2] 기자재 구매계약업무 절차 141

3 단계별 상세 업무내역 142
[1] 입찰안내서(ITB)의 작성 142
1. 일반사항 142
2. 기술사항 143

[2] 입찰안내서(ITB) 발급 143

[3] 입찰서 접수 및 입찰평가 143
1. 입찰서의 접수 143
2. 입찰서 평가(Bid Evaluation) 144

[4] 계약의향서 발급 146

[5] 계약협상, 계약체결 및 계약발효 147
1. 계약협상회의 147
2. 계약체결 및 계약발효 147
3. 기자재의 설계, 제작 및 납품 147
4. 기자재의 설치 및 시운전 148
5. 계약의 종료 148

4 구성체계 149

[1] 일반계약조건 149
1. 계약서 구성문서 명시 149
2. 계약 문서 간 상호 불일치 시 효력 우선순위에 대한 규정 149
3. 계약서 내용이 불분명한 것에 대한 해석 149
4. 계약변경에 관한 사항 149
5. 기자재 인도조건에 대해 명시 149
6. 기자재 소유권 이전(Passage of Title) 시점 명시 149
7. 하도급계약조건(Subcontract) 명시 150
8. 계약금액의 명시 150
9. 대가 지급조건에 대한 규정 150
10. 인수통보조건에 대한 규정 150
11. 지체상금(Liquidated Damage) 조건에 대한 규정 150
12. 성능보증조건에 대한 규정 150
13. 하자보증조건에 대한 규정 151
14. 불가항력(Force Majeure) 조건 151
15. 계약의 해지(Termination) 151
16. 보험 관련 조항 151
17. 품질보증조항 151
18. 특허권 침해(Infringement of Patent) 151
19. 책임한계(Limitation of Liability) 151
20. 계약이행보증금(Performance Bond) 152

[2] 기술규격사항 152
1. 공급범위(Scope of Supply) 152
2. 관련 규격 & 기준(Codes and Standards) 152
3. 현장 주변 환경조건(Conditions of Service) 152
4. 일반 설계 요구조건(General Design Requirements) 153
5. 부속 도면 및 기술자료(Attached Drawings and Technical Data) 153

5 계약 사후관리업무 154
[1] 일반사항 154
[2] 부서 간 업무분장 154
1. 계약 관련 부서(물품조달부서) 154
2. 기술부서 154

6 Instrumentation and Control System RFQ 작성 사례 155
[1] Scope of Supply 155
1. Items Included(for One Unit) 155
2. Items Not Included 157
[2] Codes and Standards 158
1. American National Standards Institute(ANSI) 158
2. American Society of Mechanical Engineers(ASME) 158
3. American Society for Testing and Materials(ASTM) 158
4. Instrument Society of America(ISA) 158
5. Institute of Electrical and Electronics Engineer(IEEE) 159
6. National Fire Protection Association(NFPA) 159
7. National Electrical Manufacturers Association(NEMA) 159
8. Scientific Apparatus Makers Association(SAMA) 159
9. KEPIC(Korea Electric Power Industry Code) 159
[3] Conditions of Service 159
1. Utilities 159
2. Environmental Conditions 160
[4] Design Requirements 160
1. General 160
2. Failure Philosophy of Instrumentation and Control System 169
3. Performance Requirements 170
4. Unit and Scale 171
5. Symbols 171
6. Languages 171
7. Electrical Requirements 172
8. Field Instrumentation Requirements 172
9. Inspection and Test 184
[5] Attachments 186
1. DCS Configuration Drawings 186
2. Technical Data Sheet 예 187

참고문헌 188

PART 03

PLANT PROCUREMENT

01 | 플랜트 구매관리

❶ 기술규격서, 입찰평가 및 납품관리계획서

❷ 기자재 구매사양서

CHAPTER

01

플랜트 구매관리

Section 01 | 기술규격서, 입찰평가 및 납품관리계획서

1 플랜트 구매업무절차서
2 RFQ 지침서
3 Bid Evaluation 지침서
4 Purchase Order
5 글로벌 소싱 매뉴얼
6 기계장치 Expediting 지침서
7 기타 지침서

Section 02 | 기자재 구매사양서

1 기자재 구매사양서
2 기자재 구매계약 방법 및 절차
3 단계별 상세 업무내역
4 구성체계
5 계약 사후관리업무
6 작성 사례

기술규격서, 입찰평가 및 납품관리계획서

1 플랜트 구매업무절차서

[1] 일반사항

1. 플랜트 구매 목적

플랜트 Project 수행에 필요한 기자재 조달을 주관하는 부서로서, Project에서 요구하는 필요한 양의 기자재를 최적의 가격 및 품질을 확보하여 적기에 제공하는 것이 목적이다.

2. 적용범위

국내외 플랜트 Project에 사용되는 기자재의 조달 및 관련 Service 예는 [표 1-1]과 같다.

| 표 1-1 | 플랜트에 사용되는 기자재의 조달 및 관련 Service의 예

Section	Item Group	Remarks
Mechanical	Stationary(Reactor, Tower)	
	Rotating(Compressor, Pump)	
	Package(Boiler, Turbine, Water Treatment, etc.)	
Electric	Electric Equipment	
	Bulk Material	
Instrument & Control	System Equipment	
	Field Instrument(Tagged)	
	Bulk Material	
Piping	Pipe	
	Valve	
	Fitting & Flange	
	Bolt, Nuts & Gasket	
	Speciality	
Others	Architecture	
	Civil & Structural	
	Lab, Chemical & Catalyst	
	Fire Fighting	
	HVAC	
	Others	

3. 자재의 분류

(1) Tagged Item

Item by Item으로 구분이 가능하고 Set 단위로 관리되는 자재로서, P & ID상 Tagged No. & Item No.가 명기되어 있는 Item(기계 Equipment, Electric Equipment, Instrumentation, etc.)

(2) Bulk Item

국제적인 표준품 기준으로 단위물량, 표준길이, 기타 물량을 측정할 수 있는 방법에 의하여 구매되는 품목

[2] 플랜트 구매

1. 구매 원칙

(1) 본사 구매

본사 Eng'g Team에서 작성한 자재 청구에 대한 기자재 조달을 지칭하며, 현장에서 작성한 자재 청구에 대해서도 현장 구매 한도액을 초과하는 기자재의 경우 본사 구매를 원칙으로 한다.

(2) 현장 구매

국내/해외 소모성 자재(Consumables) 및 긴급성 기자재 구매에 한하여 현장 구매가 가능하며, 현장 구매 한도액 초과 시에는 본사구매의 승인을 통하여 진행한다.

2. 구매 방식

(1) 지명경쟁입찰

승인된 Vendor List 또는 발주처 승인 Vendor List상 Ready for RFQ 업체를 선정하여 경쟁입찰을 실시하는 구매 방식

(2) 부대입찰

Project 수주 전(입찰시점) 해당 Item 특성상 또는 발주처 요구사항을 고려하여 업체 선정 및 가격 확정을 목적으로 실시하는 구매 방식

(3) 단가계약

Tagged Item 및 Bulk Item 중 추가 구매가 빈번하여, 추가 발주 시 기발주단가 적용이 가능한 Item 및 그외 단가계약이 유리하다고 판단되는 Item에 대하여 연간 단가 또는 Project 단가계약을 목적으로 실시하는 구매 방식

(4) 종전단가(국내)

유사 Project의 종전발주단가를 적용하는 구매 방식

(5) 기발주품목 동일단가

동일 Project의 추가물량 구매 시 기발주품목 동일단가를 적용하는 구매 방식

(6) 사전지정업체

발주처 또는 특수사양의 Item에 대하여 사전에 지정되어 있는 품목에 대한 구매 방식

(7) 시장 변동단가

시황성 자재

(8) 공개경쟁입찰

Open Market을 이용한 다수의 견적업체를 초청하여 공개경쟁을 통한 구매 방식

(9) Reverse Auction(역경매)

실행예산을 Open하여 최저가 가격제시업체를 유도하는 경쟁 방식

(10) Round Play

견적업체의 입찰자 중 최저가 업체만 남을 때까지 경쟁입찰을 실시하는 구매 방식

3. 구매 Cycle 단축

(1) Project의 공기 단축을 통한 TCO(Total Cost Ownership) 절감과 증가하고 있는 Fast Track Project에 유연하게 대처하기 위해 구매 Cycle 단축방안 설명

(2) 입찰 및 구매 Process－입찰 및 실행 구매 프로세스의 일원화

(3) 입찰 및 실행 구매 프로세스

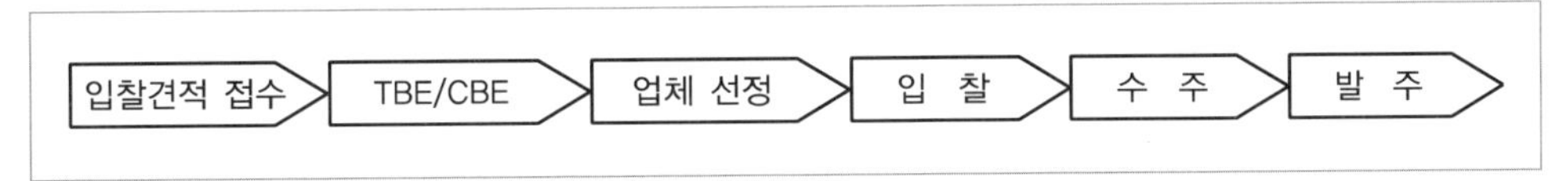

(4) 구매 Cycle 단축을 위한 전략 레버리지

① Strategic Alliance 체결

② 부대 입찰

③ Short Bidding

④ 단가/물량 계약

⑤ 부대 입찰 Process : 부대 입찰 대상 Item 선정

| 표 1-2 | 부대 입찰 대상 Item 선정(Proposal Stage) 예

구분	대상 Item
기계	① Centi. Compressor : 전략적 제휴 ② Reci. Compressor : 전략적 제휴 ③ Fire Fighting Pump : 전략적 제휴를 통한 단가계약
배관	전략적 제휴 업체와 단가계약(국내 PJT 기준) ① Forged Valve, ② Fitting, ③ Flange, ④ Cast Steel Valve
전기	① 초고압 설비(GIS PKG) : 국내 PJT 기준(전략적 제휴) ② 초고압 Cable : 국내 PJT 기준(전략적 제휴) ③ Cable Gland(해외 PJT 기준) : 전략적 제휴를 통한 단가계약 ④ Cable(국내 PJT 기준) : 전략적 제휴를 통한 단가계약
계장	① Tube Fitting : 전략적 제휴를 통한 단가계약 ② Pressure Safety V/V : 전략적 제휴를 통한 단가계약 ③ Cable Gland(해외 PJT 기준) : 전략적 제휴를 통한 단가계약 ④ 전략적 제휴를 통한 단가계약 Item(현재 진행 중) Level Gauge/Pressure Gauge/Temperate/Gauge/Sight Glass/Orifice/ Thermocouple

| 표 1-3 | Competitive Bidding을 통한 부대 입찰 대상 Item 선정 예

구분	대상 Item
기계	① Big Column/Reactor ② Fired Heater ③ API Pump/Multi-stage Pump ④ Desalter ⑤ Air Cooler/Cooling Tower
배관	None
전기	① VSD ② SWGR and MCC/Transformer/UPS and DC ③ Diesel Engine Generator
계장	None

* Long Lead Delivery Item을 대상으로 Project by Project 선정

4. 일반 구매 절차

(1) 자재청구(Material Requisition) 접수 : 자재청구의 방법 개요

① Engineering Data를 기준으로 하여 설계부서에서 작성하는 자재청구서를 의미하며, Vendor 견적 접수를 목적(for Quotation)으로 작성된다. Project의 성격에 따라 작성된 MR에 대한 발주처 사전승인이 요구되는 경우도 있다.

② 작성된 MR은 Vendor 견적 접수 후 TBE를 통하여 확정된 PS(Purchase Specification)로 확정된다.(배관의 경우 ISO Design의 단계별 확정에 의해 조달물량 확정)

③ MR No. 작성 및 실행예산 확정 : Project 초기 Project/Eng'g Team에서는 Category별 Item에 대한 Grouping을 통하여 MR No.를 생성하여야 하며, 해당 Item에 대해서는 Project Team에서 실행 예산을 기준으로 Cost Code를 Project 특성에 따라 Category별 재질별로 구분하여 생성한다.

④ 만약 실행예산 미확정으로 인하여 Cost Code 생성이 불가능할 경우에는 사업부로부터 실행예산을 서면으로 통보 받은 후 가품의 Process를 이용, 품의 및 발주를 집행하고 향후 실행예산 확정 등록 시 실품의 전환을 의뢰한다.

⑤ MR 접수 : Eng'g Team에서 작성한 MR for Quotation은 Project Team & PPM의 현장요구납기 확인 후 담당 Buyer에게 전달된다.(Hard Copy and/or Electric File)

(2) 발주처 승인 Vendor List 및 당사 승인 Vendor List 검토

① 담당 PPM/Buyer는 Item별 발주처 승인 Vendor List를 검토한 후 추가 승인 가능한 Vendor를 고려한다.

② 추가 승인요청 Vendor에 대한 PQ Documents를 Project팀에 송부하여 Project Team에서 발주처에 공식적으로 추가 승인을 요청한다.

(3) PSM(Purchasing and Supply Management) 작성

① Bidder 선정(신규 Bidder에 신용도 및 생산능력 평가 병행), 실행예산확인 및 구매전략을 수립한다.

② Vendor List 검토를 통한 "Ready for RFQ" Vendor를 확정하고 해당 MR에 대한 실행예산 확인 및 구매 전략을 수립한다.

③ 신규 Vendor에 대해서는 신용평가 및 생산능력평가 등 사전 조사를 실시 후 회사 System을 활용하여 업체 등록을 진행하며, 해당 결과를 PSM에 첨부한다.

④ 작성된 PSM은 전결규정에 의거하여 결재를 받는다.

(4) RFQ 작성 : Commercial Specification & Technical Specification

① Commercial Specification : 발주처와의 계약서를 바탕으로 Project 초기에 Project & PPM이 작성한 Commercial Bid Document(RFQ Cover Sheet, ITB, General Terms & Conditions for Purchase, Conditions for Vendor's Field Supervision, Shipping & Packing Instruction, Shop Inspection Instruction)를 검토한다.(구매 Project별 공용 Folder에서 해당 Documents를 Download하여 사용한다.)

② Bid Due Date를 확정한 뒤 검토 완료한 Commercial Specification과 이미 접수한 Material Requisition을 합하여 RFQ Full Set를 작성한다.

③ RFQ Full Set Cover상의 작성, 검토 후 승인자의 결재를 받는다.

(5) RFQ Issue : Bid Tracking Report 작성 및 Update

① 해당 MR에 대한 PSM에 명기된 Bidder로 RFQ Documents를 송부한다.

② 최초 RFQ Bidder 송부 후 변경사항 발생 시, Item 특성을 고려하여 Full Set 또는 변경내역을 Bidder로 송부한다.

③ RFQ Issue 방식 : 전자파일 송부(IMMS MR 배포시스템 활용), Hard Copy 송부

④ BTR 작성 및 입력 : RFQ Issue와 동시에 구매 Project별 공용 Folder에 RFQ Issue 및 견적접수 예정일을 입력한다. RFQ Issue MR 변경으로 인한 재송부의 경우 MR에 대한 Revision No.를 필히 입력하여 변경내역에 대한 이력관리를 하여야 한다.(MR No./Rev. No./구매담당자/RFQ Issue일자/Bid Closing Date/Bidder Information etc.)

* BTR : Bid Tracking Report

(6) Quotation Expediting : Bid Closing Date 준수

① RFQ Issue 후 각 Bidder의 RFQ 접수를 확인해야 한다.

② ITB상 첨부되어 있는 Bid Acknowledgement Sheet를 각 Bidder로부터 접수할 수 있도록 독려한다.

③ Bidder 요청에 의하여 Bid Due Date가 연장되어야 할 경우 반드시 Project팀과 공유되어야 하며, 동시에 BTR상 변경내용을 입력하여야 한다.

(7) Bidding : Bidder 견적접수 및 Bid Open 절차

① RFQ상 ITB에 준하는 Priced 견적서 및 Unpriced 견적서를 접수한다.

② Vendor 밀봉견적 접수를 원칙으로 한다. 단 소액물량에 대한 견적에 대해서는 소액물량 Bid Open 절차에 준하여 담당자가 Open 견적을 접수하여 전결권자의 승인을 얻는다.

③ Bid Closing Date 준수를 위하여 해외업체에서 E-mail로 견적 송부 시는 구매팀장 및 구매담당자가 동시에 Mail로 접수하고, 추후 원본 견적서를 접수한다.

④ Bid Closing과 동시에 Vendor 견적서를 기준으로 한 Bid Open Sheet를 작성한다.

⑤ Bid Open Sheet상에 견적 제출업체 및 견적 미제출 업체를 구분하여 명기하여야 하며, 견적 미제출 업체에 대해서는 미제출 사유를 Back-up Document로 첨부한다.

소액, 추가 물량에 대한 Bid Open 절차

■ 정의

소액 또는 추가 물량에 대한 구매 Man Hour 간소화를 추진하여 업무의 효율성 강화를 목적으로 한다.

■ 대상 자재

- 예산기준 소액 물량에 대한 견적
- 모든 추가 물량-전 Section. 단, 추가 물량의 경우 기존 MR 대비 추가된 신규 Item이 50% 이상인 경우, 정상 절차에 따른다.
- 단가계약건의 경우(단, 업체변경의 사유 발생의 경우 정상 절차에 따른다.)

■ 정상 Bid Open 절차

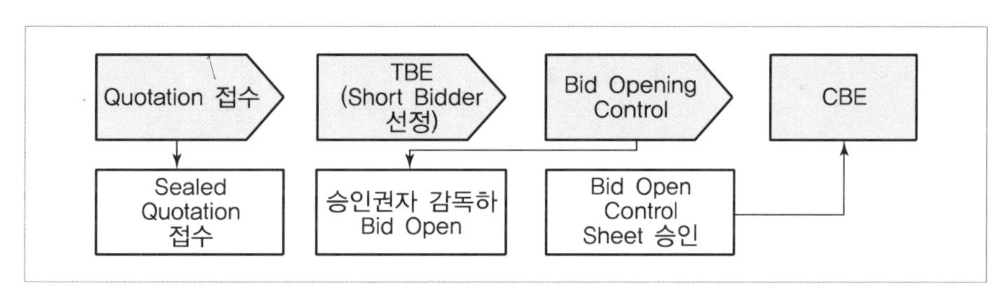

■ 소액 및 추가물량 Bid Open 절차

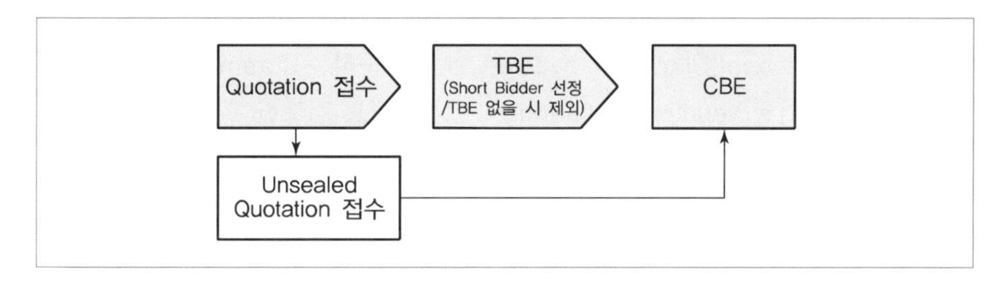

(8) Short Vendor List 선정 및 절차(필요시)

Project 요청에 의한 Short Vendor List 작성이 필요할 경우 조달팀에서 준한 절차에 의거하여 Short Vendor List를 작성한다.

Short Vendor List 절차

■ 정의

Project Team의 요청에 의해 불필요한 Man Hour 손실 제거 및 업무효율의 극대화를 추구하고, 단지 최저입찰 업체에 대한 선정이 아닌 견적 제출 충실도, 최적의 납기 및 가격 제시 등을 고려하여 당사 Need에 준하는 Short Bidder 선정을 목적으로 한다. 최종적인 진행은 플랜트 조달팀장의 승인하에 진행한다.

■ 선정 기준
- 기계 Section : Lowest/정확한 Specification
- 전기, 계장 Section : Lowest/정확한 Specification
- 배관 Section : Lowest/납기/정확한 Specification

■ 선정 업체 수

기계, 전기/계장, 배관 Section : 최소 3개 업체

■ 선정 절차

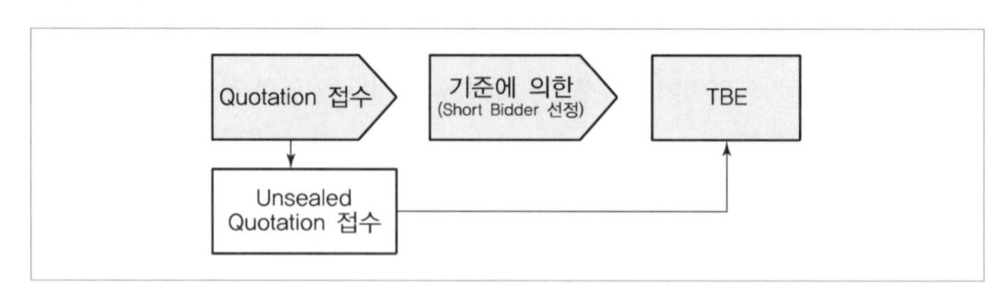

* Short Bidder 이후 1개 또는 2개 Bidder가 Decline 또는 Technically Not Acceptable이 되어 Sole Bidder될 시에 그 차선책으로 4번째 Lowest 업체를 Short Bidder에 추가시킨다.

(9) TBE, CBE : Bidder 견적 검토, Evaluation 및 Vendor 선정

① 접수한 Vendor별 견적서를 검토하여 최종 협상(Potential Award) Vendor 선정을 목적으로 TBE & CBE를 진행하여야 한다.

② Commercial Clarification : RFQ에서 요구하는 Commercial 사항 대비 접수한 견적에 명기된 Vendor Commercial 사항을 비교 검토한 후 Deviation 사항에 대해서는 Vendor와 Clarification을 실시한다.

③ Technical Clarification : 해당 Item에 대한 설계 주관부서에 의하여 RFQ에서 요구하는 Technical 사항 대비 접수한 견적에 명기된 Vendor Technical 사항을 비교 검토한 후 Deviation 사항에 대해서는 Vendor와 Clarification을 실시한다. 구매담당자의 주관업무는 아니지만 설계부서와 Vendor 간의 Clarification이 원활히 진행될 수 있도록 업무협조가 필요하다.

④ Technical Bid Evaluation : 설계부서에서는 Vendor 견적 및 Vendor Technical Clarification을 바탕으로 TBE Sheet를 작성한 후 이를 Project팀을 통하여 구매팀으로 전달한다.

⑤ Commercial Bid Evaluation : Vendor별로 제시한 조건에 대한 Evaluation을 실시하며 TBE 결과를 고려하여 최종 협상(Potential Award) Vendor를 확정한다. 미선정 업체에 대해서는 양해 Letter를 송부한다.

(10) Negotiation : 협상 Vendor와의 Negotiation 원칙, Skill 및 절차

① 플랜트 구매팀 Negotiation 업무지침서에 준한 절차에 의거하여 협상 Vendor와의 Negotiation을 진행한다.

② Cost에 대한 Negotiation : Vendor의 견적금액은 가능한 상세분류(Breakdown)하여 접수하고 각 Cost에 대한 적정성 검토 후 담당자가 예상되는 적정 금액선까지 협상한다.

③ Delivery에 대한 Negotiation : 현장요구납기일 대비 Vendor가 제시하는 Delivery Time 적정성을 검토한다.

④ Technical Specification의 조정을 통하여 가격 및 납기를 조정할 경우, Engineer를 동반한 협상절차가 요구된다.

⑤ Terms & Conditions에 대한 Negotiation

(11) 구매품의 : 구매품의서 작성

① 발주업체로 선정된 Vendor의 견적내용을 포함하여 구매품의서를 작성하고 전결규정에 의거하여 결재를 받아야 한다.

② 자재관리 System상 구매품의서 작성을 원칙으로 한다. 실행예산 미확정으로 인하여 구매시점기준 자재관리 System상 구매품의작성이 불가능할 경우 해당 Project PM (Project Manager)의 서면 요청 접수 후 당 팀장의 승인하에 기안품의(구매품의서 양식)를 작성한 후 발주업무를 진행한다.

(12) 발주의향서(LOI) 및 구매계약서(PO) 작성(변경계약서 포함)

① MR for Purchasing(구매확정물량 & Specification) 접수 : TBE를 통해 확정된 구매사양서를 접수한다.

② LOI 작성(필요시) : TBE 이후 Vendor Selection 및 구매 조건 확정을 목적으로 PO Issue 이전 Vendor에 구매의향서를 전결권자의 승인을 얻은 후 송부한다. Vendor는 Acceptance Sign을 구매담당자에게 회신하여 계약의 효력을 발생시킨다.

③ PO 작성 : TBE & CBE를 반영한 구매계약서를 전결권자의 승인을 얻은 후 송부한다. Vendor는 Acceptance Sign을 구매담당자에게 회신하여 계약의 효력을 발생시킨다.

④ PO의 구성

- PO Cover Sheet : Purchaser & Vendor Agreement Signature
- Special Terms & Conditions : 구매 조건에 대한 특별약관
- General Terms & Conditions for Purchase : 구매 일반 계약 조건
- Condition Vendor's Field Supervision Service : 현장 Supervision 조건
- Shipping & Packing Instruction : 선적 및 포장 지시서
- Shop Inspection Requirement : 공장 검사 요구사항
- Technical Specification(MR for Purchasing) : 기술사양서

(13) 전자계약

전자계약 시스템은 국내 기존 서면 계약서를 대체하여 On−line을 통한 전자 서명 및 전자 계약서를 생성, 보관하는 시스템

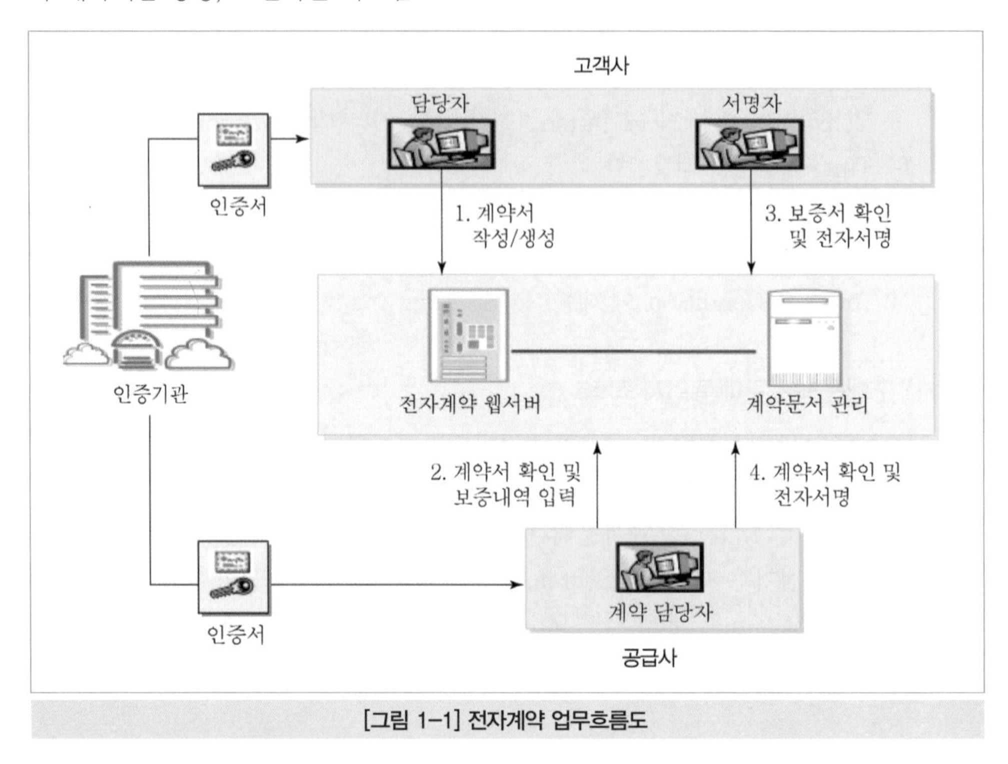

[그림 1−1] 전자계약 업무흐름도

(14) Kick−off Meeting 주관

LOI(PO) 이후 Purchaser & Vendor 간의 Project 착수를 위한 업무 협의

(15) 대금지불 : 대금지불에 대한 종류 및 절차

① 대금지불조건의 종류

- Standard Payment Condition(국내 원화발주기준) : 일반적인 국내업체와의 원화계약 시 적용하는 대금지불조건이며 부가세가 별도 명기된다.
- 구매확인서(Purchase License) : 국내업체와 원화계약조건으로 해외수출 계약 시 적용하는 대금지불조건(부가세 영세율 적용)
- Cash : 현금지급조건
- T/T 송금 : 전신환송금 대금지불조건
- L/C Payment : 신용장거래 대금지불조건

② 대금지불 절차

- Vendor Invoice 접수

• PO & 구매품의서 및 증빙 첨부(Performance, Advance Payment and Progress Payment Bond는 필히 접수)

* Progress Payment Bond 자재의 납품 혹은 선적 이전에 지급되는 모든 대금 지급(Down Payment 및 Progress Payment) 방식은 반드시 해당 금액에 대한 Bond를 접수하여야 한다. Vendor와의 Nego. 과정에서 부득이 면제를 하여야 할 경우 필히 품의 시 전결권자에게 승인을 득한다.

• Expediting 담당자의 Progress Payment 확인
• Payment Request를 현장 자재관리 담당에게 송부(현장에서 Payment 주관 시)
• 전표입력
• Vendor 대금 지급

5. 단가계약 절차

(1) 대상 Item

Tagged Item 및 Bulk Item 중 추가구매가 빈번하여, 추가 발주 시기, 발주단가의 적용이 가능한 Item 및 그 외 기타 단가계약이 유리하다고 판단되는 Item

(2) 계약 절차(PJT 단가계약 및 연간 단가계약)

① 단가계약용 RFQ Issue
② 견적접수
③ TBE 진행(Internal TBE Issue), 단 TBE가 필요 없을 경우 CBE만 진행
④ 단가계약 기안품의 진행
⑤ 단가계약서 작성(연간 단가계약을 기본으로 하며, 필요시 해당 PJT 단가계약으로 진행할 수 있다.)

(3) 단가계약 변경

시장 환경 변화에 따른 원자재 가격 변동 및 그에 상응하는 이유 발생 시(주의사항) 원자재 가격 변동이 심하여 이의 반영이 불가피할 경우 단가계약 시점에서 단가 변동에 대한 기준 및 변동가격에 대한 정산방법 등을 명확히 하여 이로 인한 Vendor 및 유관부서와의 갈등이 없도록 한다.

(4) 계약 변경 시 절차

① 변경사유 접수
② 변경사유에 대한 분석(필요시 경쟁사의 견적 대비)
③ Project팀과 합의
④ 변경 단가계약 품의 진행
⑤ 단가계약서 변경

(5) 단가계약 후 신규 Item 발생 시

① 신규 Item에 대한 단가 분석(필요시 경쟁사의 견적 대비)
② 신규 Item이 전체 계약분의 30% 초과 시 변경 단가계약에 따른 절차 진행
③ 신규 Item을 포함한 단가계약 : 신규 Item이 기계약 Item과 유사 Size를 기준으로 적합한 가격분석이 가능한 경우 기발주금액 Base를 적용한다는 문구를 특별약관에 명기한 후 발주진행 가능함

6. 변경 계약 관리

(1) 변경된 자재청구(Revised Material Requisition) 접수

Revised Engineering Data에 따라 변경계약이 필요시 설계부서에서 작성하는 자재청구서를 의미하며, Vendor 변경계약을 목적으로 작성된다.(기존의 MR for Purchase에 대하여 Revision No.를 부여하여 작성되어야 한다.)

(2) 변경분에 대한 Vendor 견적 접수

Revised MR에 대해서는 변경분이 포함된 Revised Vendor 견적을 접수한다.

(3) Negotiation & Commercial Evaluation : 협상 Vendor와의 Negotiation

① Cost에 대한 Negotiation : Vendor가 제시한 변경 Cost에 대한 적정성 검토
② Delivery에 대한 Negotiation : 현장요구납기 대비 Vendor Delivery Time 적정성 검토

(4) 수정구매 품의

① 발주업체로 선정된 Vendor의 변경 견적내용을 포함하여 수정품의서를 작성하고 전결규정에 의거하여 결재를 받아야 한다. 수정품의서 작성 시 수정품의 일자 및 수정품의 내역을 반드시 기술하여 변경계약 이력관리를 유지한다.
② 회사 자재관리 System상 구매품의서 작성을 원칙으로 한다. 실행예산 미확정으로 인하여 구매시점기준 자재관리 System상 구매품의 작성이 불가능할 경우 해당 Project PM (Project Manager)의 서면 요청 접수 후 당 팀장의 승인하에 기안품의(구매품의서 양식)를 작성한 후 발주업무를 진행한다.

(5) 변경 구매계약서(PO) 작성

① Revised MR 접수 후 Revised PO를 작성한다.
② 기타 사항은 구매계약서 작성과 동일하다.

(6) 수정 PO에 대한 Activity E & I 담당 부서 및 Part로 전달

구매담당자는 LOI(PO) 이후 원활한 Expediting & Inspection 업무를 위하여 변경 PO Information을 E & I 담당 부서 및 Part로 전달해야 한다.

7. 하자보수이행증권 등 각종 증권관리

(1) 증권관리 절차

① 구매계약서에 명기된 Vendor의 보증내용에 대한 증권을 지칭한다.

② 구매담당자는 계약조건에 명기된 증권을 적시에 수령하여 자재관리 System상 증권관리의뢰서를 작성한 뒤 보증증권 관리대장에 보관하여야 한다.

(2) 증권 설명

① 계약이행증권(P－Bond) : 구매계약내용의 성실 수행을 보증하는 증권이며, 일반적으로 Vendor가 계약금액의 10%에 해당하는 금액의 보증증권을 제출한다. 해외업체의 경우 Performance Bank Guarantee를 지칭한다.

② 선급금보증증권(AP－Bond) : 구매계약상 Vendor로 선급금 지불이 요구되는 경우 Vendor에서 제출하는 선급금에 대한 보증증권이며, 선급금 전액에 대한 보증증권이다.

③ Refund Bond : 구매계약상 Vendor로 Progress에 따른 대금지불이 요구되는 경우 Vendor에서 제출하는 Progress 대금지불에 대한 보증증권을 지칭한다.

④ 하자이행증권(G－Bond/W－Bond) : 구매계약상 Vendor에서 기자재 공급 후 하자이행 기간을 만족하는 하자이행에 대한 보증증권이다.

[3] Plant Project 입찰 지원 업무

1. 업무 Flow

구분	작성 부서	주관부서 및 사용시스템					비고
		PJT팀	구매팀		관련 부서	사용 시스템	
			PPM	담당			
1. 자재 청구							
자재 청구서(MR) 구매팀 이송	각 PJT팀	●					MR(Material Requstion)
Project Procurement Procedure 작성	구매팀		●				Expediting Procedule 포함
2. 자재 청구서 접수 및 입찰							
자재 청구서(MR) 접수	구매팀			●			
Vendor List Update	구매팀		●				
견적의뢰	구매팀			●			ER 배포 System 사용
Bid Tracking Report 입력	구매팀			●			
견적접수	구매팀			●			
견적전달	각 ENG.G /PJT팀	●					
TBE 의뢰(필요시)	PJT팀	●					TBE(Technical Bid Evaluation)
TBE 접수(필요시)	PJT팀 /구매팀	●		●			
CBE 작성(필요시)	구매팀			●			CBE (Commercial Bid Evaluation)
CBE 검토 및 합의	각 PJT팀		●				
입찰계획 협의(필요시)	PJT팀 /구매팀	●	●	●			부대입찰 등
MOU 체결	구매팀			●			

2. 견적 접수 및 기자재 Costing 지원업무

(1) 자재청구(MR) 접수 : 자재청구의 방법 개요 등

Engineering Data를 기준으로 설계부서에서 작성하는 자재청구서를 의미하며, Vendor 견적접수를 목적(for Quotation)으로 작성된다.

(2) 발주처 승인 Vendor List 및 당사 승인 Vendor List 검토

① 담당 PPM/Buyer는 Item별 발주처 승인 Vendor List를 검토한 후 구매경쟁력 제고 차원에서 추가 승인 가능한 Vendor를 고려한다.

② 추가 승인요청 Vendor에 대한 PQ Documents를 Project팀에 송부하여 입찰업무 시 반영되도록 요청한다.

(3) MR(RFQ) Issue : Commercial Specification & Technical Specification 등

① Commercial Specification : 발주처와의 계약서를 바탕으로 Project 초기에 Project & PPM이 작성한 Commercial Bid Document(RFQ Cover Sheet, ITB, General Terms & Conditions, Shipping & Packing Instruction, Shop Inspection Instruction)를 검토한다.(구매 Project별 공용 Folder에서 해당 Documents를 Download하여 사용한다.)

② Bid Due Date를 확정한 뒤 검토 완료한 Commercial Specification과 이미 접수한 Material Requisition을 합하여 RFQ Full Set를 작성한다.

③ RFQ Full Set Cover상의 작성, 검토 후 승인자의 결재를 받는다.(필요시 대리결재 가능)

④ 해당 MR에 대하여 "Ready for RFQ" Vendor에 대하여 RFQ Documents를 송부

⑤ RFQ Issue 방식 : 전자파일 송부(E-mail or System Web Hard), Hard Copy 송부

⑥ RFQ Issue 시 해당 Project의 입찰에 참여한 Vendor들만 수주된 실행 Project에 참여할 수 있다는 제한된 요구사항을 알려 Vendor의 적극적인 참여를 유도한다.

⑦ 주요 Item에 대해서는 해당 Project Team과 부대입찰 Item을 선정한 후 Vendor에 본 계약 조건을 부각함으로써 Vendor들의 경쟁력 있는 견적을 유도한다.

⑧ BTR 작성 및 입력 : RFQ Issue와 동시에 구매 Project별 공용 Folder에 RFQ Issue 및 견적접수예정일을 입력한다.(MR No./구매담당자/RFQ Issue일자/Bid Closing Date/Bidder Information etc.)

(4) Bidding : Bidder 견적접수

① RFQ Issue 후 각 Bidder의 RFQ 접수를 확인해야 한다.

② ITB상 첨부되어 있는 Bid Acknowledgement Sheet를 각 Bidder로부터 접수할 수 있도록 독려한다.

③ Bidder 요청에 의하여 Bid Due Date가 연장되어야 할 경우 반드시 Project팀과 공유하고, 동시에 변경내용을 입력하여야 한다.

④ RFQ상 ITB에 준하는 Priced 견적서 및 Unpriced 견적서를 접수한다.

(5) Short Vendor List 선정 및 절차

Project 요청에 의한 Short Vendor List 작성이 필요한 경우 구매팀에서 준한 절차에 의거하여 Short Vendor List를 작성한다.

(6) CBE, TBE : Bidder 견적 검토 및 Evaluation

① 접수한 Vendor별 견적서를 검토하여 최종 협상(Potential Award) Vendor 선정을 목적으로 CBE & TBE를 진행하여야 한다.

② Commercial Clarification : RFQ에서 요구하는 Commercial 사항 대비 접수한 견적에 명기된 Vendor Commercial 사항을 비교 검토한 후 Deviation 사항에 대해서는 Vendor와 Clarification을 실시한다.

③ Technical Clarification : 해당 Item에 대한 설계 주관부서에 의하여 RFQ에서 요구하는 Technical 사항 대비 접수한 견적에 명기된 Vendor Technical 사항을 비교 검토한 후 Deviation 사항에 대해서는 Vendor와 Clarification을 실시한다. 구매담당자의 주관업무는 아니지만 설계부서와 Vendor 간의 Clarification이 원활히 진행할 수 있도록 업무협조가 필요하다.

④ Technical Bid Evaluation : 설계부서에서는 Vendor 견적 및 Vendor Technical Clarification을 바탕으로 TBE Sheet를 작성한 후 이를 Project팀을 통하여 구매팀으로 전달한다.

⑤ Commercial Bid Evaluation : Vendor별로 제시한 조건에 대한 Evaluation을 실시하며 TBE 결과를 고려하여 최종 협상 Vendor를 확정한다.

⑥ 주요 Item에 대해서는 해당 Proposal Team 및 설계 LE(Lead Engineer)의 협의하에 부대입찰 Item을 선정한 후 해당 업체를 중점적으로 협상을 진행하여 자재비의 경쟁력을 제고한다.

(7) Negotiation : 협상 Vendor와의 Negotiation 원칙, Skill 및 절차

① 구매팀에서 준한 절차에 의거하여 협상 Vendor와의 Negotiation을 진행한다.

② Cost에 대한 Negotiation : Vendor가 제시한 Cost에 대한 적정성 검토

③ Delivery에 대한 Negotiation : Vendor가 제시한 Delivery Schedule에 대비 현장요구납기일에 대한 적정성 검토

④ Terms & Conditions에 대한 Negotiation

(8) 부대입찰(필요시) : 부대입찰 품의서 작성

① 목적 : Project 수주 전(입찰시점) 해당 Item 특성상 또는 발주처 요구사항을 고려하여 업체선정 및 가격확정을 하는 것을 목적으로 한다.

② 부대입찰 구매품의서를 작성하고 전결규정에 의거하여 결재를 받아야 한다.

(9) Pre-commitment(MOU) 작성(필요시)

① 부대입찰 구매품의서에 준한 Pre-commitment Agreement를 작성한다.

② Pre-commitment Agreement 작성 시 유의사항

- Bid Validity는 Project Assign 시점까지 명기할 것
- Cancellation 조항을 상세 명기할 것
- Raw Material에 대한 Fluctutation 관련 결정 조항을 필히 명기할 것
- General Terms and Conditions for Purchase를 필히 합의할 것

2 RFQ 지침서

[1] RFQ Elements

1. Technical Requisition 및 RFQ

(1) RFQ는 구매행위의 기초가 되는 것이므로 좋은 구매 결과를 얻기 위해서는 잘 작성되어야 한다. RFQ는 ENG'G DEPT에서 TECH. Requisition이 Issue되면 본 TECH. Requisition에 구매 Document를 합하여 구성된다. Critical Item에 대하여는 필요시 RFQ Issue 전 반드시 TECH. Requisition에 대하여 경제적으로 설계되었는지 각 설계 Lead Engineer의 주관하에 PEM. PM. PPM 및 Buyer가 참석하는 Review Meeting을 갖는다. 본 Review Meeting은 TECH. Requisition Issue 후 2일 이내에 실시한다.

(2) RFQ는 Instruction to Bidder, General Terms & Conditions, Shipping & Packing Requirement, Source Inspection Plan, General Conditions for Vendor Supervising Service 및 Technical Requisition 등으로 구성된다.

2. Instruction to Bidder(ITB)

ITB에는 Bidder의 견적서 작성에 대한 지침사항, 즉 General Terms & Conditions, Statement of Compliance, Communications, Commercial 요구사항, 지불 조건 등이 명시된다.

(1) Governing Terms & Conditions

Bidder는 Buyer의 구매 조건을 따라야 하고 견적서에 별도의 이의를 명시하지 않으면 Purchaser의 구매 조건을 수락하는 것으로 간주한다. 아울러 Buyer는 Bidder의 이의를 수락할 수 없을 경우 그 이유로 동 견적서의 가치를 인정치 않을 수 있다는 조건이 명시된다.

(2) Statement of Compliance

① 모든 견적서는 RFQ 조건과의 일치 여부를 확인하는 표지와 함께 송부토록 명시된다.

② 기재 예

- 제출된 견적서는 RFQ상의 자재명세, 도면, 구매 조건 및 기타 요구사항과 이의 없이 일치한다.
- 제출된 견적서는 RFQ상의 자재명세, 도면, 구매 조건 및 기타 요구사항에 대해서 아래의 이의사항을 제외하고는 일치한다.

(3) Communications

Bidder가 견적서를 제출할 Contact Point(주소, 전화번호, Fax번호, E-mail, 담당자 등)와 견적서의 봉인 및 제출 부수 등이 명시된다.

(4) Commercial 요구사항

① 견적마감일자와 견적 제출 여부 통보
② 견적유효기간(견적마감일로부터 적정일수) 확인
③ Bidder 선택의 권리
④ Bill of Mat'l과 단가
⑤ 납기
⑥ Engineering Data(도면 제출 일정 및 Technical Data)
⑦ Bidder의 현재 생산 용량
⑧ RFQ에 첨부된 Commercial 요약 별지 및 Spare Parts 목록, Deviation 목록
⑨ Vendor의 현장 Representative의 Per Diem Rate 요구

(5) 지불조건

Project의 특성에 따라서 지불조건이 달라지고 해당 Project에 결정된 지불조건이 명시된다.

3. Technical Requisition

Requisition은 Engineering팀에서 마련되며 Material 공급범위 및 Technical 요구사항 등으로 구성된 Technical Package로서 PM을 통하여 플랜트Procurement팀에 전달된다. Requisition의 검토/승인은 P.M에 의해서 행해진다.

(1) 공급범위

Materials 항목, 명칭, 서술, 수량 등이 명시된다.

(2) Technical 요구사항

Engineering 지침, 명세서, 도면, Data Sheet 등의 Form을 통하여 명시된다.

4. General Terms & Conditions

일반적으로 발주는 정형화된 구매 General Terms & Conditions가 적용되나, 공사 계약의 조건 및 Job Site의 특성을 반영하여 수정 보완될 수 있다. General Terms & Conditions의 수정 필요시 플랜트 Procurement 팀장의 검토/승인을 받아야 한다. 구매 General Terms & Condition는 Full Form과 Short Form으로 나뉘며 Full Form은 Engineered Item과 Short Form은 Bulk Item에 해당한다.

5. Shipping & Packing Requirement

모든 Materials의 안전하고 효율적인 인도를 위하여 포장, 선적, 관련 서류 마련에 대한 상세한 요구사항이 명시된다.

6. Source Inspection Plan

Source Inspection Plan은 검사팀에서 결정한다.

7. General Conditions for Vendor Supervising Service

"General Conditions for Vendor Supervising Service"는 Engineered Item일 경우에만 첨부하고, Bidder로부터 Per Diem Rate를 제시하도록 ITB에 명시한다.

[2] RFQ Routing & Approval

1. Positions & Responsibilities

(1) RFQ의 Approval 및 Sign은 다음에 따른다.

1) 플랜트 구매팀

① Prepared by　　　－Buyer
② Checked by　　　－Section Manager
③ Reviewed by　　　－PPM
④ Approved by　　　－플랜트 구매팀장

2) Client(필요시)

Client의 Approval을 받아야 할 경우는 Project Procurement Procedure에 따른다.

(2) Buyer 혹은 PPM은 RFQ가 발급되기 전에 플랜트 구매팀장에게 Bidder List의 승인 여부를 확인하고 Commercial 조건 등이 명확히 규정되었는지 등을 검토한다.

(3) Project Engineering Manager는 Engineer가 작성한 Requisition의 Technical 사항을 검토하여 Project Manager에게 제출한다.

(4) Project Manager는 작성된 Technical Requisition을 승인 후 PPM에게 전달한다.

(5) PPM는 Requisition 및 ITB, General Terms & Conditions, Shipping & Packing Instruction, Source Inspection Plan, Vendor Supervising Service Instruction 등으로 RFQ를 편집하여 플랜트 구매팀장의 승인을 받는다.(필요시 Client의 승인을 받는다.)

2. RFQ Issue

RFQ Package 승인 후 Bidder에게 발송되기 전에 최소한 아래의 사항들의 조치가 필요하다.

(1) 승인된 Bidder List의 Review

(2) Bidders의 Name, 주소, 전화번호, 담당자 등의 현재의 Contact Points 재확인

(3) RFQ가 지연되면 실제 RFQ 발급날짜와 견적마감일의 조정
일반적으로 Bidder가 견적을 마련할 Reasonable한 기간(Engineered Mat'l의 경우 3~4주)이 주어져야 하며, RFQ 발송 후 Bidder로부터 견적 제출의사와 견적 제출예정을 확인한다. Bid Acknowledgement를 반드시 접수한다.

3. RFQ Addendum

RFQ 추가사항, 즉 Technical 변경, Terms & Conditions 추가 등이 Project 자체, Engineering 혹은 구매 측에서 발생되면 Buyer는 그 내용을 RFQ Addendum으로서 또는 Bidder에게 송부한다. 특히 중요한 것은 어떤 Information의 한 Bidder에게 주어지면 똑같은 Information 또는 Bidder에게 통보되어야 한다. 만약, 견적마감일이 변경될 경우 Buyer는 플랜트 구매팀장 또는 발주처의 합의 혹은 승인을 받는다. Bidder가 견적서를 작성하는 데 근본적인 변경이 생기지 않는 단순한 Information은 Fax 및 E-mail 등의 Communication 형식으로 처리될 수 있다. RFQ가 취소되어야 할 경우, Buyer는 각 Bidder에게 취소상황을 통보하고 RFQ를 반송 혹은 파기하도록 요청한다.

[3] Minimum Quotations

1. 최소 Quotation

Project 자체에서 별도의 지정이 없는 한 RFQ를 만족하는 최소한 3(Three)업체 견적서는 확보되어야 하는 바, 보통 각 RFQ당 3(Three)개 업체 이상으로부터 Quotation을 접수하도록 한다.

2. 최소 Quotation 미만

아래의 경우는 3(Three)견적서 접수가 안 되어도 가능하다.

(1) 공급 가능 Bidder가 3군데 이하일 경우

(2) 견적은 충분히 접수되었으나 RFQ를 만족하는 Bidder가 3(Three) 이하일 경우

(3) Schedule이 촉박하여 충분한 시간적 여유가 없을 경우

(4) 해당 Mat'l을 제작하는 공급업체가 한 군데일 경우

(5) 발주처 지정의 공급자가 있는 경우

(6) 이미 입찰을 실시하여 공급된 품목을 동일한 공급처로부터 동일한 단가로 추가 발주하는 경우

3. Sole Quotation

독점 업체로부터 견적서를 접수해야 할 경우, Buyer는 Bidder로부터 견적서를 제출하겠다는 확인을 전화 혹은 Fax로 먼저 하고 RFQ를 발송하는 것이 좋다. 단독 견적서나 최소 견적서 미만으로 접수 처리하는 것은 플랜트 Procurement 팀장 혹은 Client와 그 결정에 합의해야 한다.

4. Bid Expediting

Buyer는 RFQ 발송 후 일주일 이내에 각 Bidder가 RFQ를 접수했는지, 견적서 제출 여부를 전화 혹은 E-mail로 확인하는 것이 좋다. Bidder에게 첨부 Bid Acknowledgement를 제출토록 한다. 아울러 견적 마감일 일주일 전쯤에 재독촉할 필요가 있으며 모든 교신을 File해 두고 Tracking Sheet에 견적서 예정 일자 등을 기록해 둔다.

5. 견적 마감일 연장

RFQ를 만족하는 최소한의 견적서를 접수하기 위하여 견적 마감일 연장이 필요할 경우, Buyer는 플랜트 구매팀장 혹은 발주처의 승인을 받는다. 견적 마감일이 연장되면 Buyer는 모든 Bidder에게 연장 내용을 통지한다.

[4] Clarification of RFQ Requirements

1. Commercial Clarification

RFQ를 만족하는 견적서가 용이하도록 Buyer는 미리 RFQ의 Commercial 요구사항을 파악해 두고 Bidders로부터의 문의에 정확히 답변해야 한다. 전화로도 문의/답변이 가능하나, 서로 간에 정확한 이해와 기록을 위하여 E-mail 등으로 확인해 두는 것이 좋다. 아래 사항은 Commercial 주요 확인대상이다.

(1) Terms & Conditions of Purchase
(2) 가격 기준(Currency, FOB, CIF 등)
(3) 지불 조건 및 절차(Progress Payment, L/C, Cash 등)
(4) Delivery 등

2. Technical Clarification

Technical 해당 사항은 Engineering팀에서 작성하여 Project Manager를 통하여 Buyer에게 전달하여 Buyer가 각 Bidder에게 보내는 방법과 Engineer가 직접 Bidder들을 Contact하여 실시하며, 추가 혹은 새로운 Information이 한 Bidder에게 주어졌다면 모든 Bidder에게 똑같은 내용이 통지되어야 한다.

[5] Security of Bids & Short Bidder List

1. Receipt of Bids

Buyer는 RFQ에 요구된 견적서 부수 Priced & Unpriced 대로 접수하여 날짜를 기록하고 담당 PM에게 Unpriced 견적서 2부를 전달한다. 봉인된 견적서인 경우 Bid Open 시 플랜트 Procurement 팀장 Sign을 받고 견적서 Original 1부는 Buyer가 보관한다. 견적 마감일 후에 접수된 견적서는 일반적으로 용인되지 않는다. 견적 마감일의 변경은 적어도 마감일 4일 전에 플랜트 Procurement 팀장 또는 PPM의 승인 후 각 Bidder에게 통지되어야 한다. 별도로 Client의 지시에 의하여 늦게 접수된 견적서를 용인하고 Evaluation 해야 할 경우에는 그 승인 내용을 별도로 확인받는다. 단, On－line Purchasing System을 통한 견적 접수의 경우는 위의 사항이 해당되지 않는다.

2. Security of Bids

견적 접수 과정에 모든 Bidders에게 동등한 조건과 기회가 주어지도록 해야 공정한 경쟁이 된다. 특히 가격과 어떤 Bidder만에게 마련한 특별한 Information은 꼭 보안이 지켜져야 한다. 아래의 사항들은 모든 견적의 보안을 위한 일반적인 사항이다.

(1) 견적 마감일은 정확하게 지켜져야 한다.
(2) Buyer에게 견적이 접수되어야 한다.
(3) Bid Evaluation 동안에 모든 가격 관련 Information은 보안 조치되어야 한다.
(4) Bid Evaluation 완료 후 그 승인은 Project Procurement 절차에 따라 행해지고, 승인자 동의 없이 완료된 Bid Summary가 변경되어서는 안 된다.
(5) Clarification에 대한 모든 교신은 해당 견적서의 Commercial/Technical 사항에 한정되어야 한다.

3. Priced Quotation의 회사 내 보안

Priced Quotation Orignal은 Buyer가 1부 보관하게 되는데, 본 가격정보(각 Bidder의 가격경쟁력 포함)는 Final Negotiation에 중요한 영향을 주어 Project Cost Control에 직접적인 Impact를 가져오고 당사의 도덕적 구매행위에 대한 심각한 피해를 주기 때문에 Quotation 가격에 대한 보안조치는 철저해야 한다.

4. Short Bidder List의 선정

(1) PJT Team 요청 시 Short Bidder한다.
(2) Lowest 기준으로 3개 Bidder를 한다.
(3) Short TBE를 반드시 해야 한다.(예외적으로 필요 없는 Bulk 등은 제외)

(4) Short Bidder 이후 One or Two of Bidder가 Decline을 하여 Single Source가 될 경우에는 차선의 Bidder(4th Lowest)를 Short Bidder에 포함시킨다.
(5) 최종적으로 전결권자의 결제하에 실시한다.

[6] Bid Opening & Distribution

1. Sealed Bids

(1) 통상적으로 봉인된 견적서는 모든 견적서에 해당하며 특히 Client의 요구사항이거나 관급공사(정부, 공공기관)에는 전 견적서에 대한 요구사항으로 적용된다. 이 방식은 불공정 혹은 정실에 치우칠 가능성을 배제하기 위한 요구사항이며, 보통 PPM이 RFQ Value에 따라 Sealed Bids 필요 여부 및 Project Procurement 절차 안에 적용토록 되어있는지 등을 확인 결정한다.
(2) 봉인된 견적서가 적용될 경우, RFQ의 ITB 안에 견적서 작성 지침사항으로 Sealed Bids가 요구됨을 명시해야 되고, Sealed Bids가 아닌 경우 견적서로 인정되지 않을 것임이 경고된다.

2. Opening of Sealed Bids

봉인된 견적서는 Publicly 혹은 Privately로 개봉될 수 있다.

(1) Public Opening : 봉인된 견적서가 정해진 날짜에 모든 Bidder와 구매절차상 요구되는 관련 요원이 참석한 가운데 개봉된다. 일반적으로 1만 불 이상의 견적서에 적용된다.
(2) Private Opening : Buyer 및 별도로 지정된 요원 등이 참석한 가운데 개봉된다. 견적서 개봉의 Witnessing은 Bid Opening Control Sheet의 기록으로 증명되며 Sign을 Original 견적서에 받는다. Bid Opening Control Sheet를 활용한다.

3 Bid Evaluation 지침서

[1] Bid Summary

1. Bid Summary 준비

접수된 모든 Quotation은 Price, Delivery, Specification Compliance, Acceptance of Terms and Conditions and Other Commercial Conditions, Quality 및 Services를 감안하여 최선의 조달이 될 수 있도록 평가하여야 한다. Bid Summary라 함은 평가되고 있는 Quotation으로부터 추출된 모든 Information이 종합된 문서를 말한다. Bid Summary는 CBE와 TBE 결과로서 Buyer와 Discipline Engineer와의 공통된 노력의 산물이다.

2. 구매와 Engineering과의 Coordination

Buyer는 Bidder들의 Quotation에 RFQ에서 요구되는 모든 Technical/Commercial Information과 Data가 포함되도록 독촉하고 확인하여야 한다. Engineered Equipment는 Discipline Engineer가 TBE를 작성하여 기술적인 Acceptability를 판정하며 불분명한 부분에 대한 Bidder와의 Clarification은 TBE 완료 시에는 Unclear 사항이 없도록 해야 한다.

Buyer는 CBE를 작성함에 있어서 Price, Delivery, Validity, Escalation, Payment Condition, Legal Terms and Conditions와 Optional Item에 대하여 세밀하게 검토하여야 한다. Non-engineered Item에 대하여는 Discipline Engineering으로부터 기술적인 Acceptability만 받으면 Buyer가 Bid Summary를 완성한다.

모든 Engineered Items에 대하여 모든 의문점이 해결된 후 Discipline Engineer와 Buyer는 Bid Summary를 Buyer 주체하에 간단한 회의를 통하여 함께 검토하고 최종 Negotiation에 참여할 Bidder를 선정한다.

최종 Negotiation은 Buyer가 담당하며 Buyer는 예산에 준하여 최적의 가격으로 조달될 수 있도록 Bidder와 합의한다. 모든 Non-engineered Items는 모든 의문점이 해결된 후 Buyer가 Bid Summary를 검토하여 최종 Negotiation에 참여할 Bidder를 선정한다.

3. Evaluation Factors

(1) Buyer는 Bid를 동일한 Base에서 평가하여야 한다. 예를 들면 "A" Bidder와 "B" Bidder의 Delivery Condition이 상이할 경우 이를 동일하게 FOB Shipping Point로 맞추고 Job Site까지의 운송요율을 적용하여 Job Site Delivery까지의 가격으로 환산 비교하여야 한다.(Apple to Apple)

(2) Evaluation Items는 [표 1-4]와 같다.

| 표 1-4 | Evaluation Items

Cost Factor	
• 자재비	• 관세 통관 비용
• Payment Condition(지불조건)	• Service Representative 비용
• Terms and Conditions	• Witness Inspection 비용
• Escalation 등 Price Adjustment	• Currency Risk
• Supplement Order 시의 단가	• Surplus(Return 및 Restocking 비용)
• 육상운송비	• Drum/Reel/Cylinder Deposit 비용
• 해상운송비	• 창고료
• Job Site까지의 운송비	• 보험료
• Air Freight	• 기타 세금
• Export Packing Charge	• 납기
• Warranty 기간	• Project Schedule
• Documentation Charge	
추가 Factor	
• Business Partner 평가점	• Vendor Print 제출일
• Spare Part 비용	• Job Site에서의 가장 가까운 Service Facilities
• FOB Point	• Quotation Validity
• Shipping Point	• Partial Quantities의 가능성
• 총 운송 중량 및 CBM	• 최소 주문량
• Specification 예외조항	• Client 요청사항
• Terms & Conditions 예외조항	

4. Procedure

(1) Quotation을 받은 즉시 Specification 및 Terms & Conditions에 일치하는가를 검토하고 누락되거나 분명치 않은 Item에 대해서는 Buyer를 통해 Bidder에 요청하여야 하며 이 경우 반드시 서면 혹은 이에 준하는 방식(예 E-mail 등)으로 통보받아야 한다.

(2) 모든 Bidder의 Quotation은 Bid Summary에 반영되어야 한다. Evaluation 대상에서 제외 시 그 사유는 반드시 Bid Summary에 명시되어야 한다.

① No Bid

② Technically not Acceptable

③ Non Competitive Bid

④ Late Bid

⑤ Unacceptable Delivery

(3) Bid Summary에는 기술적으로 Acceptable한 적어도 3개 이상의 Competitive Quotation이 평가 대상이 되어야 하며 Sole Bidder 또는 3개 미만의 Bidder일 경우는 기술적으로 Acceptable하면 전부 Bid Summary에서 평가되어야 한다. Short Listing 작업은 Discipline Engineer, Buyer, Project와 협의하여 Bid Summary 작성 전 결정한다.

(4) Discipline Engineer는 TBE를 먼저 작성하고, 기술적인 Acceptability를 결정한다. Buyer는 TBE를 근거로 하며 Unacceptable Bidder의 Quotation에 대하여는 CBE를 실시하지 않는다. 단, 일부분의 Item에 대해서만 Acceptable할 경우(Technically Partial Acceptance) 이에 대해서만 CBE를 실시하고 상당한 원가 절감이 예상될 경우 P/O를 분리하도록 한다.

(5) Bid Summary 결재란의 Signature는 다음과 같다.

① Prepared by : Buyer

② Checked by : Procurement Sectional Manager(필요시)

③ Reviewed by : PPM(필요시)

④ Approved by : 플랜트 구매팀장

(6) Forms

기본적으로 Bid Evaluation에 필요한 Forms는 2가지 유형을 사용하며 "Bid Summary(I)"은 Bid Summary 표지로, "Bid Summary(II)"는 Bid Summary Detailed Break Down Sheet로 사용된다. Item이 1, 2개인 간단한 RFQ는 Bid Summary(I)만으로도 가능하며, Bid Summary(II)는 반드시 Bid Summary(I)과 같이 사용하여야 한다.

[2] Clarification

1. Clarification 방법

접수된 Quotation을 검토한 후 Discipline Engineer는 Technical Question을, Buyer는 Commercial Question을 작성한다. 각 Bidder에게 Commercial Question과 함께 Technical Questionnaire를 송부하여 조속히 해결토록 한다. 반드시 Business Partner에 대한 모든 Questionnaire는 Buyer를 창구로 하여야 한다. 간단한 Clarification 사항은 구두로 가능하나 Bidder의 Return Reply는 반드시 서면으로(혹은 이에 준하는 수단, 즉 Fax, E-mail 등) 하여야 한다.

2. Bidder's Exception 처리

(1) 기술적 요구사항에 대한 Exception 처리

기술적 요구사항에 대한 Bidder의 Exception은 Discipline Engineer에 의해 검토되며 기술적인 Exception 사항의 최종승인 여부는 PM이 확정한다. 따라서 PPM은 Technical

Exception 사항에 대한 승인 여부를 PM에게 요청하여야 한다. 본 Exception 사항은 Buyer에 송부되는 TBE Sheet에 정확히 기록되어야 하고 반드시 PM의 승인을 얻어야 한다.

(2) 계약적 요구사항에 대한 Exception 조치

Bidder가 Purchaser's Terms and Conditions를 무시하고 자기 Terms and Conditions를 고집할 경우는 Buyer는 반드시 Bidder에게 Purchaser's Standard Terms and Conditions에 대한 Specific Exception 사항을 정리하여 제출토록 요구하여야 한다.

일단, Specific Exception이 제출된 후에는

① Bidder에게 Exception 사항을 가능한 많이 철회하도록 설득시키든가,

② 타 Project에서의 경우를 조사하여 최근의 Nego된 Exception Case를 확인해 보든가,

③ PPM과 본 Exception에 대하여 상의가 필요한 경우 PPM의 Approval을 받아야 한다.

④ 필요시에는 법무팀의 협조를 구할 수 있으며 법무팀에 협조요청을 할 경우 다음의 사항이 Report되어야 한다.

- Bidder's Quotation 및 Exception 사항
- 적용될 Terms and Conditions
- Equipment/Material에 대한 상세사항
- 대략의 P/O 금액
- Bidder가 Sole Source인가 여부
- Bidder가 Exception을 수용할 경우의 Cost Impact
- Client의 Specific Concern

⑤ Exception 수용 시에는 반드시 CBE Sheet(Bid Summary)에 Exception 사항이 기술되어야 하며 플랜트 구매팀장 혹은 PPM의 승인이 있어야 한다.

⑥ 모든 Exception에 대하여는 반드시 P/O 전에 Clear되어야 한다.

3. Bid Review Meeting

(1) Bid Review Meeting 성격

Bid Review Meeting은 될 수 있는 한 Technical 또는 Commercial Question에 대한 사항을 Bidder와 해결하고 Negotiation을 하기 위하여 가능한 실시토록 한다. 단, 대부분의 해외 Business Partner는 미국 또는 유럽이기 때문에 Business Partner Representative(Agent가 아님)가 국내에 없는 업체에서는 소액의 Order인 경우 Bid Review Meeting을 갖는 데 신중을 기하여야 한다. 약 30만 불 이상의 Order는 Business Partner 선정 전에 Bid Review Meeting을 갖고 소액의 Order는 Fax 등을 이용하여 Clarification을 한다. Bid Review Meeting을 통하여 Business Partner가 선정되나 최종 Negotiation을 위해 2 Bidder 이상을 선정, 최종 Bid Review Meeting을 실시할 수 있다.

(2) Meeting 준비

최대한의 Negotiation을 위하여 Bid Review Meeting의 철저한 준비가 필요하다.

① Bid Summary와 Quotation을 Review한다.
② 모든 Commercial 및 Exception 사항을 Review하고 Pending 사항을 검토한다.
③ In-house Pre-meeting을 소집하고 Meeting Agenda 및 목표를 설정한다.

(3) Pre-meeting

Pre-meeting 시에는 Buyer, Discipline Engineer 등이 참석하여야 하고 다음을 결정하여야 한다.(Buyer 주관하에 실시)

① 발주처 또는 Project Management의 참석범위(발주처 참석 시는 Procurement Service만 제공하거나 Reimbursable Project에 한함)
② Agenda의 순서 및 선정
③ Meeting Note 작성자를 결정(Commercial : Buyer, Technical : Discipline Engineer)
④ 계약 예외조항에 대한 법률적 검토
⑤ 기술적 예외조항에 대한 Cost Impact 분석
⑥ Negotiation 목표설정
Agenda가 결정되면 Bid Clarification Agenda를 작성한다.

(4) Bid Review Meeting 실시

Bid Review Meeting을 일반적으로 Home Office에서 실시하며 중요 참석자가 참석할 수 있도록 시간과 일정을 조정해야 한다. 본 Meeting의 소집, 조정은 Buyer가 실시하며 플랜트 Procurement 팀장/PPM의 승인을 얻어 실시하고 Meeting 시 다음을 확인하여야 한다.

① 모든 관련 자료가 준비되었는가?
② 합의된 내용의 Commercial/Technical 사항이 기록되었는가?
③ 합의된 내용이 모든 참석자에게 동일하게 이해되었는가?
④ 모든 Cost 변경사항 및 Nego된 가격 및 Exception 사항이 포함되어 있으며 Bidder가 서명하였는가?

(5) Meeting Note

Meeting Note는 기술적 사항은 Discipline Engineer가, 계약적 사항은 Buyer가 기록하고 Meeting이 종료되면 즉시, Hand-writing된 Meeting Note에 Buyer는 Bidder 및 중요 참석자의 Sign을 받아 Copy를 배포한다. 이후 같은 내용의 Meeting Note가 추후 Typing되어 관련 참석자에 배포된다. 본 Meeting Note에 근거하여 관련 Specification,

Terms and Conditions, Engineering Notes 등에 그 내용을 삽입 반영하여 P/O 시 Issue하게 된다.

[3] Negotiation

1. 정의

Negotiation이란 Buyer와 Bidder 간의 최적의 합의점을 도출해내는 것이라 할 수 있다. 따라서 Negotiation의 개념은 경매와 같이 동일한 물건을 놓고 팔 금액을 가장 싸게 제시하도록 연속적으로 경쟁시키는 것을 의미하지는 않는다. Nego Price가 예산 범위 내에서 Business Partner의 Performance와 Utility가 모든 요구 조건을 만족시키도록 하는 데 있다. 특별히 Buyer는 일부 또는 모든 Qualified Bidder에게 그들의 Best and Final Offer를 요청할 수 있으며 기술적 검토가 Discipline Engineer에 의해 완료된 시점에서 이루어지게 된다.

2. Negotiation 준비

Buyer는 Negotiation 하기 전에 예산가에 의거하여 PPM과 함께 Guideline을 설정하여야 한다.

(1) 당신의 목표는 무엇인가?
(2) 어떻게 시도할 것인가?
(3) 현재 사항은 Buyer's Market인가, Seller's Market인가?
(4) Negotiation이 실패할 경우 다른 Alternative가 있는가?
(5) Negotiation에 충분한 시간이 주어지는가?
(6) Project 관점에서 Delivery가 Price보다 더 중요한가?
(7) Negotiation Meeting에는 반드시 회사 이익에 기여할 수 있는 필요 인원만 참석시켜야 하는데 참석자의 범위는?
(8) 회의의 주도는 누가 할 것인가?(PPM이 참석 시는 PPM이 주도하고 Buyer만 참석 시는 Buyer가 주도하라.)

3. Negotiation 전략

Bid Review Meeting시 Detail한 사항을 Confirm한 후 Negotiation Meeting을 실시케 되는데, 이때 반드시 해야 할 일과 해서는 안 될 일이 있다.

(1) 하지 말아야 할 일

① 일찍 결론을 내리지 말아라.(최후의 Bargain을 위해 여지를 남길 것)
② 너무 Detail하게 빠져들지 마라.

③ 완벽한 증거를 보여 줄 수 없다면 Seller가 틀렸다는 것을 증명하려 하지 말라.
④ 참석자에게 Meeting 주재자 이외에는 언급을 자제토록 주지시켜라.
⑤ 참석자가 Bidder의 말에 수긍하는 듯한 Gesture(예 머리를 끄덕인다든지)를 삼가도록 하라.

(2) 반드시 해야 할 일

① Agenda를 준비하고 참석자에게 필요한 정보를 사전에 공유토록 하라.
② Bidder의 참석자가 책임자 권한을 갖고 있을 경우에만 Meeting을 실시하라.
③ Negotiation을 가급적 PPM Location의 회의실에서 실시하라.
④ 솔직함을 보여주고 Negotiation Meeting이 서로의 믿음 속에서 진행토록 하라.
⑤ Bidder가 Negotiation 시 무엇을 어느 Point까지 줄 수 있을 것인지를 합리적으로 분석하라.
⑥ 때때로 말을 하지 말라.(Meeting을 정적 속에 묻어 두라.)
⑦ 비중이 적은 것부터 토의하라.
⑧ 확실한 부분만 제시하라.
⑨ 만약에 Negotiation 시 Purchaser의 약점이 노출되었을 경우(예 Spec의 변경 등) 또는 토의가 장애에 부딪혔을 경우 약간의 Time－break를 갖고 필요에 따라 다과 시간을 가져라.
⑩ 언제나 Fair하도록 노력하라.
⑪ 상대의 말을 주의 깊게 경청하라.

4. Meeting Note

합의점을 도출할 때는 즉시 Negotiation 결과를 요약하며 Bidder와 합의 서명하라. 합의 서명이 즉시 이루어지지 않을 경우 추후 문구 해석상의 이견으로 최종 합의를 도출하는 데 어려움이 따르게 된다. Negotiation 결과는 Buyer가 작성하여야 한다.

5. Negotiation Process

(1) 예산 이내이며 1위와 2위의 가격 차이가 2% 이상 : 최저가 Bidder에게 낙찰하며, 낙찰된 Bidder에게만 최종 Negotiation의 기회를 1회에 한하여 제공한다.

(2) 예산 이내이며 1위와 2위의 가격 차이가 2% 이하 : 1위 Bidder와 Renegotiation을 실시하여 2위 Bidder와의 가격 차이가 2% 이상 날 경우 (1)항을 따른다. 또다시 2% 이하일 경우 나머지 Bidder에게도 추가 Negotiation을 실시하여 전체 Bidder 중 최저가 Bidder에게 낙찰한다.

(3) 예산 초과일 경우 1위 Bidder와 추가 Negotiation을 실시하여 예산 이내면 낙찰한다. 또 다시 예산 초과일 경우에는 나머지 Bidder에게도 추가 Negotiation을 실시하여 전체 Bidder 중 최저가 Bidder에게 낙찰한다.

(4) 1위와 나머지 Bidder와의 가격차 2% 이상 낙찰을 원칙으로 하되, PJT 상황과 기자재의 특성에 따라 팀장 승인을 받은 후 변경 적용이 가능하다.

(5) Buyer Negotiation 현황조사(매년), Business Partner 만족도 조사(매년 1월)를 실시한다.

[4] Bid Summary Approval

1. Bid Summary 품의

Negotiation이 완료되어 조달 및 모든 Commercial 사항에 대한 합의가 이루어진 후에 Buyer는 조달품의서를 작성하게 된다. 조달품의서는 통합조달/자재관리시스템을 통해 작성한다. 본 조달품의서에는 Bid Summary (I) 및 (II), Technical Bid Evaluation Sheet와 일치하는 모든 Qualified된 Bidder의 Final Offer 또는 Quotation이 첨부되어야 한다. PPM은 본 조달품의서 및 기타 첨부 Documentation을 검토하여 보완 수정한 후 본 품의서를 다음과 같이 플랜트 Procurement 팀장 또는 업무 전결규정의 결재권자의 승인을 받는다. 본 품의서는 전결규정에 따라 결재권자의 결재를 얻어야 하며, 필요시 기타 회사 규정 혹은 프로젝트 운영 세부규칙에 따른 필요부서의 합의 혹은 결재를 얻는다. 일단 결재를 얻었다면, Buyer는 LOI나 PO를 Issue하게 되고 결재된 조달품의서는 Project 완료 후 일정기간 보관하여야 한다. 또한 Buyer는 Unsuccessful Bidder에게 Regret Letter를 발송하여야 하며 Copy는 일정기간 보관하여야 한다.

2. Purchase Order Deviation

구매품의서의 승인 후 또는 Purchase Order가 Issue 된 후에 Spec. Change 또는 기타의 Revision 사항으로 인해 P/O가 변경될 경우 "Purchase Order Deviation Request" 혹은 수정 구매품의서를 작성하여 플랜트 Procurement 팀장 및 전결권자 승인 후 필요시 PM에 통보 후 Purchase Order를 Revision하여야 한다.

(1) P/O Amount가 변경된 경우 반드시 (수정)품의서를 작성하고 변경 PO를 발급해야 한다.
(2) 납기가 변경될 경우 (수정)품의서를 반드시 작성할 필요는 없으나 PO는 변경해 주어야 한다.

4 Purchase Order

[1] Letter of Intent

1. 목적

Letter of Intent는 정식 P/O Document를 작성하는 데 시간이 소요되므로 정식 P/O 발급 전에 Purchaser의 발주 의사를 분명히 밝힘으로써 Business Partner가 약속된 선적일을 지키도록 하고 Business Partner의 Shop Space 및 Work 준비를 실시토록 하기 위한 용도로 사용된다. L/I는 L/I상에 명기된 조건에 근거하여 Buyer 및 Seller 간 상호 구속적이며 유효한 의무가 성립된다는 가정하에 발급되어야 한다. P/O가 바로 Issue될 수 있는 RFQ는 L/I를 Issue하지 않고 P/O를 Issue함을 원칙으로 한다.

2. L/I 조건

(1) L/I는 명확히 작성되어야 하며 매우 특수하고 한정적인 조건을 포함해야 한다. 주로 L/I는 다음 요소들을 포함한다.

① 기자재 명세 및 가격
② 구매 조건
③ 제한 조건
④ 추가 조항

(2) 다음의 일반 지시 사항들이 L/I 발급에 대한 지침이다.

① L/I는 Control Number가 명시되어야 한다.
② L/I는 플랜트 Procurement 팀장 또는 특별한 경우 PPM의 서명을 받아야 한다.
③ L/I는 Issue된 후에는 빠른 시일 내에 P/O가 Issue 되어 P/O Acknowledgement를 Business Partner로부터 받아야 한다.

[2] Notification to Unsuccessful Bidder

1. Unsuccessful Bidder에의 통지

Unsuccessful Bidder에게 다른 곳으로 발주가 되었다는 사실을 통보하는 것 또한 Buyer의 책임사항이다. 통보는 전화나 서신으로 할 수 있으나 이런 형태의 모든 전화 내용은 문서화하고 보관해야 한다.

2. Unsuccessful Bidder의 사유 문의

(1) 만일 어떤 Bidder가 발주가 되지 않은 이유를 묻는다면 명확한 이유를 제공해야 한다. 발주를 받지 못하는 일반적인 이유는 다음과 같다.
① 기술적으로 부적합한 Bidder
② 계약 일반 조항들을 Bidder가 받아들이지 못할 때
③ 다른 Supplier와 비교할 때 낮은 평가 점수
④ 경쟁력 없는 가격

(2) 경쟁력 없는 가격을 제외하고 Buyer는 왜 발주가 되지 않았는가에 대해서 소상히 이야기 해 줄 수 있다. 가격을 알려주는 것은 상관습이나 상도의적으로 좋은 관행이 될 수 없으므로 어떤 Bidder가 발주를 받은 업체와의 가격 비교를 정확히 요구한다면, Buyer는 다만 그 차이에 대한 내용을 암시해 줄 수 있다.

[3] Element of Purchase Order

1. General

완벽하고 잘 작성된 P/O가 Seller로 하여금 Order의 요구사항들을 잘 수행할 수 있게 하기 때문에 Buyer는 P/O에 포함되어 있는 계약조항들이 간략하고 명확히 정의되어 있도록 최대한 노력해야 한다. 전형적인 P/O는 Basic P/O Data, General Terms & Conditions, Special Terms and Conditions, Shipping & Packing Requirement, Vendor's Progress Report Instruction, Source Inspection Plan, General Conditions for Vendor Supervision Service, Technical Requisitions 등을 포함한다.

2. Technical Requisitions

(1) P/O 작성용 Technical Requisition을 작성하는 것은 각 Discipline Engineer의 책임이다. 이러한 Requisition은 Scope of Supply가 포함된 Summary of Requisition Engineering Note, Vendor Data Requirement Engineering Data Sheet Specifications, Drawings으로 구성되며 한 Package로 통합되어 Buyer에게 전해진다.

(2) Technical Requisition이 구성상 완벽하며 Bidder Selection 시 합의되었던 내용과 일치하는가를 확인하는 것은 Buyer의 책임사항이다.

(3) 만약 어떤 오류가 발견되었을 경우 Buyer는 다음과 같은 조치를 취한다.

① 잘못을 시정하고 변경사항을 확인할 수 있도록 Discipline Engineer와 함께 Technical Package를 검토한다.

② 변경사항이 있을 시 이를 즉시 Seller에게 통보한다.

③ 모든 변경사항에 따른 변동사항을 제출토록 Seller에게 요청한다.

3. Basic Purchase Order Data

잘 작성된 P/O를 만들기 위해서 Buyer는 다음에 열거된 지침을 참조하여야 한다.

(1) 날짜

① P/O 날짜는 Buyer가 P/O나 Change Order를 집행하는 날짜이다.

② 확인날짜는 항상 P/O나 Change Order 집행일과 같아야 한다.

(2) 상호, 주소, 전화번호

① 정식 P/O의 수령에 있어서 지연을 막기 위해 항상 Seller와 주소를 확인한다.

② P/O가 발급되는 사람의 이름과 Seller의 전화번호, Fax 번호 등을 명시한다.

(3) Item Numbers

Item Number는 Discipline Engineer로부터 주어진다. Buyer는 B/M상에 Item Number가 다음 지침에 맞게 되어 있는가를 확인하여야 한다.

① Bulk 자재에 대해서 각각의 Item Code 및 Size별로 Item Number가 주어져야 한다.

② 모든 Item Number는 순서대로 주어져야 한다. Change Order에 대해 새로운 Item이 추가되어야 할 경우 Item Number는 최초 P/O 또는 가장 최근의 Change Order상에 주어진 최종 Item Number의 다음 번호가 주어져야 한다.

③ Item Number는 생략하면 안 된다.

④ Item Number는 중복 사용하지 않는다.

⑤ 숫자 및 Alphabet이 조합된 번호를 사용해서는 안 된다.(예 1A, 1B 등)

(4) 단위와 수량 및 가격

① 단위와 수량의 사용에 있어서 논리적인 상관관계가 있어야 한다. Buyer는 Seller가 Item을 확인하기 쉽도록 P/O를 확정시켜야 한다.

② Seller가 Quotation상에 단위를 맞추었는가를 확인하고 그 단위에 의거하여 P/O를 작성한다.

③ 개개의 단위로 자재의 수량을 결정할 수 있을 때 "EA"를 사용한다. 개개의 단위로 자재의 수량을 나타낼 수 없을 때 "LOT"를 사용한다.
④ 한 개의 Item에 대해서 Metric Symbol 및 Inch Symbol을 혼합 사용하지 말아야 한다. 그러나 정확성을 기하기 위해 꼭 필요한 경우 2개의 Symbol을 사용할 수 있으며, 한 개는 괄호를 사용하여야 한다.
⑤ P/O가 DHL 등으로 송부되었을 경우 반드시 접수 여부를 확인하여야 한다.
⑥ 단가계약이 되어 있을 경우 추후 추가 Order 발생 시 적용할 수 있는 단가표가 P/O에 첨부되어야 한다.
⑦ 수량이 확정되지 않은 Item에 대해 가격 및 유효기간을 명시하여 P/O상에 Option Item으로 처리할 수 있다.

(5) 구입 금액

P/O나 Change Order의 가격 부분의 맨 하단에는 합계 금액을 명시해야 한다.

(6) Schedule/Shipping Date

① 선적약정일은 Seller의 Source로부터의 선적기일이며 항상 Calendar Date이어야 한다. P/O나 Change Order상에는 항상 선적일이 Calendar Date로 명시되어야 한다.
② 현장 요청일은 P/O상에 명시되어서는 안 된다.
③ Seller의 선적약정일이 V/P Approval 일자에 따라 결정된다면 Seller는 구매자 Approval Drawing 접수 후 60일과 같은 조건부 선적 약정일을 제시해야 한다. 그러한 경우 Buyer는 P/O의 Schedule Part에 그러한 사항을 명시하고 선적약정일을 Calendar Date로 바꾸어야 한다.
④ 다수의 선적기일이 포함되어 있는 경우 선적약정일은 각각의 기기에 대해서 명시되어야 한다.
⑤ A.S.A.P(As Soon As Possible)는 사용되어서는 안 된다.
⑥ "Stock"이라는 표현은 자재가 Seller의 창고에 있으며 즉각 운송할 수 있는 상태를 말한다. Buyer는 "Stock"을 Calendar Date로 환산해야 한다.
⑦ P/O에 대해 "As Required"란 표현은 사용 가능하며 현장에 의해 추후 "Schedule"이 결정되는 경우 사용한다. 이 조건은 임차 및 단가계약의 경우에 종종 사용된다. 사용될 경우 Buyer는 Delivery 통지 및 기간을 통보해야 한다.
⑧ Buyer는 Delivery Schedule에 대한 모든 변동사항을 검토하고 원인규명을 해야 한다. P/O의 집행에 있어서 Delivery Schedule에 영향을 주는 사건들이 일어날 수 있다. Buyer가 확인한 사항에 근거하여 선적약정들을 변경할 수 있다. 그러한 사항들은 필히 Change Order에 반영되어야 한다. 선적약정일을 정식으로 변경해 줌으로써 Buyer는 비정상적인, 비현실적인 선적일을 Seller에 강요하지 않아도 된다.

(7) Shipping Information

① Buyer는 항상 선적조건을 명시해야 한다. P/O상에 명시되어 있는 선적조건은 포장, 항로, 해상운임, 선적서류, 보험 및 Buyer 및 Seller 간의 손실 및 손상에 관한 책임소재를 구분해 준다. 또한 그것은 화물의 소유권이 Seller에서 Buyer에게로 귀속되는 지점을 나타내 준다. 국제 해상운송조건은 국제 상공회의소에서 개발됐다. 현재 사용되고 있는 것은 INCOTERMS 2010 또는 INCOTERMS 2020이다. 따라서 향후 국제 해상운송에 관련하여 INCOTERMS 2010 또는 2020을 인용해야 한다. 만일 어떠한 특별한 지역에서 통용되고 있는 해상운송조건이 있다면 Seller 간 운송에 있어 INCOTERMS 사용 시 혼란이 야기될 수 있다. 특별히 다른 조건을 요구할 경우에만 P/O 작성 시 사용되어야 한다.

- 다음은 U.C.C.(Uniform Commercial Code) 해상운송 조건이다.
  - FAS(Free Along Side) Seller의 금액은 국제선 선측의 Loading 도구가 접할 수 있는 지역까지의 운송을 포함한다.
  - FOB(Free on Board)
- 지정지역 지정장소의 운송수단(트럭, 기타, 배, etc.)에 상차까지의 비용은 Seller가 부담한다.
- 지정장소는 화물의 소유권 및 손실의 위험이 Seller에서 Buyer에게로 이전되는 곳이다.
  - Freight Collect 운송비 화주 지급조건
- 다음은 U.S.A. 내륙운송에 대해 INCOTERMS 2010 또는 INCOTERMS 2020에 대체할 수 있는 UCC 운송조건이다.
  - Description : Seller가 포장 및 상차함. 소유권 및 위험부담은 상차 후 Seller에서 Buyer에게로 이전된다. Buyer가 운송 주선 및 운송비 지급
UCC Freight Terms : FOB Shipping Point
INCOTERMS 2010 또는 2020 Freight Terms : Free Carrier – Shipping Point
  - Description : Seller가 포장, 상차 및 목적지까지의 운송비 지급
UCC Freight Terms : FOB Jobsite
INCOTERMS 2020 : Delivered(Named Location)

② 다수의 운송조건이나 운송수단이 필요한 경우 Buyer는 어떤 조건이 어느 Item에 해당되는가를 명시하여야 한다.

③ P/O 발행 시 FOB Point가 정해지지 않은 경우 Buyer는 Change Order를 발급하여 결정된 Information을 통보해야 한다.

④ Shipping Point는 항상 포함되어야 한다.

⑤ 선정된 선박회사가 항상 P/O에 포함되어야 한다.

⑥ 중량 및 규격은 항상 P/O에 포함되어야 한다. 일반적으로 Buyer가 각각의 기자재에 대한 중량 및 규격을 포함한다. 각 선적 단위의 중량 및 규격이 알려지지 않았을 경우

Buyer는 담당 Engineer의 도움을 얻는다. Engineered Item은 P/O 및 Drawing Issue 후 Seller의 도움을 필요로 할 수도 있다.

⑦ Buyer는 Packing & Marking Instruction을 포함하여야 한다. 다음은 이러한 목적으로 사용될 수 있는 조항의 예이다.

사례 **Packing & Marking Instruction**

실 내용물을 자세하게 기재한 Packing List가 각 Shipment Package에 포함되어야 하며 Master List는 방수 포장되어 Box No. 1에 부착되어야 한다. Packing List는 P/O 및 Item Number를 명시해야 한다. Shipping Mark, Tag Number, Equipment Number, P/O Number, ID Number Code 및 기타 Mark 각각의 Package 또는 개개의 Equipment에 명시되어야 한다. Packing List는 P/O 및 Item Number를 명시해야 한다. Shipping Mark, Tag Number, Equipment Number, P/O Number, ID Number Code 및 기타 Mark가 각각의 Package 또는 개개의 Equipment에 명시되어야 한다.

⑧ "Notice of Shipment" 조항은 P/O상에 명시할 수도 있다. 그 목적은 선적 시마다 Buyer에게 선적 Detail을 제공함에 있다. 이러한 형태의 통지는 현장에서는 "Work Activity Planning"에 도움을 준다. 다음은 Notice of Shipment의 예이다.

사례 **Notice of Shipment**

선적 시 Seller는 P/O Number, Item, 수량, Tag Number 및 기자재 명세, 선사명, Package 개수, Total 중량 및 규격, B/L 등의 정보를 Buyer에게 통보하여야 한다.

4. General Terms and Conditions

General Terms and Conditions는 Print된 Form으로 P/O에 첨부된다. General Terms and Condition을 선정하는 것은 매우 중요하므로 선정을 할 때 Buyer는 거래의 형태, Total 금액, 책임사항 등을 고려해야 한다.

아래는 General Terms and Conditions를 주요 내용별로 요약한 것으로, 이것은 법률적으로 구속력을 가지는 해석은 아니다. 문제점 발생 시 Buyer는 법률적 협력을 구해야 한다.

(1) Definition

P/O의 General Terms and Conditions에 사용하는 용어를 정의하고 있으며 본 용어가 법률적으로 구속력을 갖는 것은 아니다.

(2) Contract Price

P/O Value에 대한 해석을 하고 있으며 P/O 금액에 상호 구속력을 가짐을 확인하고 있다.

(3) Payment

Business Partner의 Guarantee를 확실히 해놓기 위해 일반적으로 P/O Amount에 대한 10%의 Performance Bond를 요청하고 있다. 본 P-Bond 요청사항은 L/C Open 시 전제조건으로 제시된다. 단, Progress Payment를 적용 시 주의할 점은 과기성에 대한 Risk를 방지하기 위해 일반적으로 선적 전, 전체 P/O 금액의 50% 이상이 지급되는 것은 지양하여야 한다.

(4) Time and Conditions of Delivery

P/O에 명기된 Delivery 조항을 준수하도록 강조하고 지연될 경우 Liquidated Damage를 부과하도록 하는 내용으로 되어 있다. 아울러 추후 업무 혼선 방지를 위해 Time 및 Conditions는 정확히 명기하여야 한다.

(5) Changes

이 항목은 계약의 수행 중 일어나는 Changes가 어떻게 양 당사자에 영향을 주는지 언급하고 있으며 일단 계약이 성립하면 Purchaser의 P/O는 서면 통보에 의해서만 수정될 것이다. 즉, P/O에서는 어떠한 변경도 사전에 Buyer의 서면 동의 없이는 이루어질 수 없다.

(6) Materials and Substitutions

P/O의 요구한 자재가 타 자재로 대체되는 것을 금지한 조항이다. 자재의 대체는 반드시 Buyer의 서면 승인에서만 가능하다.

(7) Approval of Vendor's Document and Drawings

Business Partner의 Document 또는 Drawing 승인을 하였다고 하여도 Business Partner의 P/O 요구사항에 대한 책임은 면책될 수 없음을 나타내고 있다.

(8) Guaranty

Business Partner는 상품이 Buyer가 요구하는 사양서, 도면 그리고 기타 문서를 충족시킬 것을 약속한다. Business Partner가 그를 충족치 못하면 Business Partner는 자신의 비용으로 결함 있는 품목을 수리하거나 대체해야 한다. Business Partner의 Guarantee 기간은 Plant Start-up 후 12개월, 또는 선적 후 24개월 중 선(先) 도래하는 일자를 적용하는 것으로 규정하고 있으나, Start-up 시점 이전에 도래하지 않도록 규정하는 것이 안전하다.

(9) Expediting

Business Partner의 Schedule과 Progress Report를 요구하고 있으며 Business Partner의 Subsupplier에 대하여도 Expediting을 하도록 요구하고 있다.

(10) Inspection

Business Partner의 품질에 대한 책임을 규정하고 있다. 또한 Buyer와 Owner의 대표자가 Business Partner나 그의 Sub-business Partner의 Shop에 검사를 위한 Access에 대해 서술하고 있다.

(11) Preparation for Shipment

Shipping and Packing 요구사항에 대한 기술이다.

(12) Shipment

Shipment에 대하여 Business Partner에 부과된 일반적인 요구사항을 기술하고 있다.

(13) Inspection at Off-loading

현장 도착 후 현장 Inspection에서 발견되는 Business Partner의 하자사항에 대하여 Business Partner의 Witness 및 변제사항을 기술하고 있다.

(14) Buyer's Rights and Liquidated Damage

① Buyer는 한시라도 Business Partner의 결함이 발견될 시 본 Order를 취소할 수 있음을 나타내고 있다.

② Business Partner의 귀책사유로 Delay가 발생할 경우 일주일에 P/O Price의 적정 %씩 변제토록 하고 이때 변제액은 최고 P/O Price의 10~15%를 넘지 않도록 제한한다.

(15) Assignment

Business Partner는 Work Scope의 일부 또는 전부를 Buyer의 서면 동의 없이 타인에게 양도 또는 위임할 수 없다는 조항이다.

(16) Lien

Buyer는 Business Partner의 지불능력 부재로 인하여 하청업체 또는 Business Partner의 Worker들에 의한 Claim에 대하여 여하한 책임도 지지 않는다는 것을 명기한 것이다.

(17) Patents

Business Partner의 행위나 실수로 당하게 되는 소송 등으로부터 Buyer와 그의 Clients를 보호하기 위한 것이다. 그러한 소송의 발생이나 조력의 의무는 있지만 Business Partner는 구매자에게 발생한 모든 손해에 대해서 지불할 의무가 있다.

(18) Non Disclosure

P/O에 기술된 내용에 대하여 제3자에게 공개할 수 없으며 Buyer의 요구 시에는 P/O Document를 회수할 수 있다는 내용이다.

(19) Taxes and Duties

Business Partner의 Work Scope에 포함하는 모든 Taxes와 Duties는 Business Partner의 책임이다.

(20) Permits and Certificates

Business Partner의 Work Scope에 포함하는 모든 허가 및 Certificate는 Business Partner의 책임이다.

(21) Hazardous Materials

독성이거나 위험성 물질인 경우는 반드시 MSDS를 제출해야 하며 Shipping 및 Packing에 적절한 조치를 취하도록 명시하고 있다.

(22) Force Majeure

Force Majeure 혹은 Act of God 등 당사자의 관리 범위를 넘어서 어떠한 것으로 발생한 Delay는 계약 위반에 해당되지 않음을 명시한다.

(23) Termination

Buyer는 자신의 편리대로 이유나 원인 없이 계약을 해소할 권리가 있다. Business Partner는 계약이 해소되는 날까지 완성된 일에 대한 가치와 합당한 수익과 직간접비용 중 이미 지급된 금액을 뺀 나머지에 대해 지급받을 것이다. 계약 해소로 인한 미실현 수익이나 손해는 제외된다.

(24) Notice and Communication

해외 계약 건의 모든 Communication은 영어로 함을 원칙으로 한다.

(25) Entire Agreement, Modification

P/O의 내용의 변경은 반드시 Authorized Personnel에 의함을 명기하고 있다. 계약을 해석할 때 법원에서는 계약서의 용어를 먼저 살핀다. 즉, 용어가 명확하지 못하면 중재자는 당사자의 의사를 살필 수 있는 다른 증거를 찾아야 하는 번거로움이 있다. 그래서 계약서의 내용을 P/O의 내용에만 국한시키는 것을 골자로 하고 있다.

(26) Laws and Regulations

Business Partner는 공급되는 모든 상품과 서비스가 적용법률에 합치될 것을 약속한다. 또한 관할법률을 명확히 밝혀준다. 즉, 이 P/O는 특별히 다른 언급이 없는 한 Korea의 법률과 재판관할권이 미치는 것으로 한다. Korean Law로서 Business Partner와 Governing Law의 합의가 어려울 시 지리적 · 문화적 · 정치적 제3국의 Law를 Governing Law로 정하는 것이 일반적이다.

참고 Arbitration

Buyer와 Business Partner와의 불일치는 보통 상호협상에 의해 상호 만족스럽게 해결한다. 그러나 양 당사자가 그들의 차이점을 해소하지 못할 경우 이 조항은 제3자에 의한 해결을 제시한다. 중재는 최종적이고 구속력을 갖는 결정을 위해 공정한 한 사람이나 그 이상의 인원에게 맡기는 것이다. 그것은 신속하고 실질적이며 비용이 들지 않는 해결방안으로 고안되어 사적이며 비공식적이다. 그러나 중재는 동시에 법률에 의해 규정된 절차의 규범과 처리방법의 표준에 의해 지배를 받는 질서정연한 사법절차이다.
이것은 특히 The International Chamber of Commerce Court of Arbitration이나 The Korean Commercial Arbitration Board 같은 전적으로 중재를 담당하는 공정한 기관에 의해서 수행된다.

5. Special Terms and Conditions

법적인 문서로서 P/O는 상호 합의된 요구사항이 명백하게 진술될 수 있는 방법으로 작성되어야 한다. Standard Terms and Conditions는 모든 것을 다 포함할 수는 없으며 모든 협의사항을 정확하고 간편하게 정의하는 문서를 만들기 위해 Buyer는 Special Terms and Conditions를 추가하여야 한다. 이 Section에서는 Buyer가 사용할 수 있는 여러 가지의 Special Terms and Conditions를 취급한다.

(1) Definition

각 P/O는 거래에 포함된 당사자 및 현장을 확인하는 명칭을 포함해야 한다. 특히, 구매자가 Agent 역할을 할 경우 구매자는 Seller에게 Payment에 대한 지급책임이 없다는 것을 명시해야 한다.

(2) Communication

이 Section은 Seller가 구매자와 교신할 경우 명확한 지시사항을 제공한다. 이 Section은 정확한 주소, 전화번호, Fax 번호, Telex 번호, 담당자명을 포함해야 한다.

(3) 첨부사항

P/O의 모든 첨부사항이 이 Section에 기재되어야 한다. 주로 General Terms & Conditions, B/M, Engineering Note, Specification, Drawing 및 Data Sheet 등이 첨부된다.

(4) Commercial Notes

이 Section은 Bonds, 취소, Damage/Bonus, Firm Pricing, 가격조정, Surplus/Restocking 및 세금 등을 포함한다.

① Bonds : Bond의 문제가 발생하면 전결권자의 결정에 따른다.

② 취소 : 현행 Standard Terms & Conditions에 의하면 구매자는 편의에 의해 P/O의 일부 또는 전부를 취소할 수 있다. 취소조항에 대한 추가사항으로 Cancellation Charge를 정해 P/O에 명시하는 것이 필요하다.

③ Liquidated Damage/Bonus : Liquidated Damage는 P/O를 이행하지 않았을 경우 Seller가 Purchaser에게 지급하도록 미리 정해진 금액이다. 이러한 "Damages"는 Seller가 P/O상에 합의된 의무를 수행하지 않았을 경우 발생하는 손해에 대해 Purchaser나 Client에 지급된다. Liquidated Damage는 "Penalty"가 법정 법률 내에서 항상 유효한 것이 아니기 때문에 Penalty 대신 쓰여진다. 따라서 "Penalty"라는 조항의 사용은 금지되어야 한다. Bonus는 특별한 것에 첨부되는 것, 예를 들면 Delivery를 개선시키기 위해 지급되는 것이다. 통상의 구매관행에 있어 Liquidated Damage의 조항 없이 Bonus 조항이 사용되지는 않는다. RFQ에 Liquidated Damage/Bonus 조항의 사용은 PPM의 제안으로 PM의 합의하에 플랜트 구매팀장이 결정한 사항이다. 주로 Liquidated Damage/Bonus는 다음 사항에 연계한다.

- Drawing and Data 제출
- 기자재 선적
- 기자재 성능

P/O에 쓰여진 조항들은 타협의 여지가 있으며, 쓰여진 그대로 받아들여지는 경우는 드물다는 사실에 주목해야 한다. 따라서 Buyer는 타협을 잘할 수 있는 강력한 조항을 설정하는 것이 중요하다. 다음은 Buyer가 명심하여야 할 지침들이다.

- Liquidated Damage에 대한 최대금액 및 기간을 설정한다.
- 매일 지급되어야 할 Liquidated Damage 금액은 타당한 금액이어야 하며 부당하게 큰 금액이어서는 안 된다.

• 선적 및 Drawing 제출 등에 대해 타당한 Schedule을 세운다.
• Seller가 Liquidated Damage에 대해 명백히 이해하고 있다는 것을 확인해야 하며 이에 대한 합의서를 보관하여야 한다.
• Project의 동의를 구한다.
• 플랜트 Procurement 팀장의 승인을 구한다.

④ Firm Pricing : "Pricing Note"가 P/O상의 가격이 변동이 없는 것인지 또는 상향/하향 조정이 가능한 것인지를 나타내기 위해 P/O상에 명기되어야 한다.

⑤ 가격 조정 : Seller가 가격조정이 있을 수 있는 가격을 견적했을 때 Buyer는 Seller로부터 고정가격을 받아낼 수 있도록 시도해야 한다. 고정가격을 받아낼 수 없을 때 Buyer는 P/O상에 가격변동에 대한 조항을 삽입하여야 한다. Buyer는 가격조정이 의미하는 바를 이해해야 하며 가격조정의 Type을 명기하여야 한다. 가격조정은 P/O의 이행기간 중 발생하는 가격변화를 P/O의 최종금액에 반영하는 상향 또는 하향의 가격조절을 말한다. 가격조정은 Seller의 재량으로 관리할 수 없는 상태(조건)에 반영할 수 있다. 보통은 Seller가 해외의 자재를 구입하거나 장기간에 걸친 자재를 구입하는 경우에 한한다. Seller의 이윤이나 경비, 설계, 일반관리비는 Seller가 관리할 수 있는 품목이며 가격조정이 어느 경우건 해당하지 않는다. Buyer가 P/O상에 가격조정 항목을 갖고자 할 때 고려해야 할 세 가지 기본요소가 있다.

• 기본 가격 : 가격조정이 있을 수 있는 Seller 금액의 개개의 요소가 확인되어야 하며 기본가격이 확정되어야 한다.
• 기간 : 가격변동이 있을 수 있는 기간이 명시되어야 한다.
• 조정 방법 : 가격조정이 이루어지는 방법이 명확히 기재되어야 한다.

참고 가격조정의 네 가지 방법

• 월간 고정 가격조정
• Seller의 자재비, 노무비에 의거한 가격조정
• 선적 시에 유효한 가격
• Seller나 정부의 가격표에 의한 가격조정

⑥ Surplus Material/Restocking : 어떤 특수한 상황에서 일을 끝내기 위한 자재확보를 위해 과잉 발주를 할 수 있다. 이것은 운송 및 현장 사용 중의 손실, 설계 변경, 좀도둑에 의한 손실에 대처하기 위해 사용된다. 많은 Seller들이 표준화된 반송요율을 갖고 있으나 Buyer는 반송요율에 대해 협상을 해야 한다. 그 결과로 얻은 요율을 Buyer는 P/O 조항이 일부로 삽입하여야 한다.

⑦ 세금 : 모든 P/O는 세금에 관한 조항을 포함해야 한다. P/O에 포함되어야 할 세금 관련 정확한 조항은 Project 수행절차에 대부분 언급되어 있다. 가장 보편적인 세금에 관한 P/O 조항은 세금의 요율 및 납세 의무자를 명시한다.

⑧ Invoicing : 송장이란 P/O 조항에 의거하여 선적된 화물의 개개의 품목 명세에 가격 및 판매조건을 명시하여 Seller에 의해 제출된다. 이러한 송장 작성 지침은 명확히 정의되어서 가능한 한 오해를 피하고 그에 따른 지불에 있어서의 지연을 막아야 한다. 통상 사용되는 송장 작성 지침에 더불어, 지급조건, 유보조항, 임시비지급 Progress Payment 등의 추가 정보가 포함된다.

⑨ 송장 작성 지침 : 다음의 일반 송장 작성 지침이 모든 P/O에 포함되어야 한다.

- 다음에 열거된 사항들은 송장 반송의 이유가 된다.
  - 요구되는 Copy 수가 접수되지 않을 경우
  - 송장, 물품명세가 P/O와 일치하지 않을 경우
  - 송장에 실수나 누락사항이 있을 경우
- 송장에 포함된 정보는 다음과 같다.
  - Buyer의 P/O Number
  - 각각의 Item에 대해 P/O Item Number
  - 각각의 Item에 대한 수량
  - 자재 명세
  - TAG Number
  - Item별 단가
  - 합계 금액
  - 지급조건
- 한 송장에 2개 이상의 P/O 기재 금지
- 최종 송장엔 "Order Complete" 표시
- Buyer는 Seller로부터 P/O상의 금액만 지급한다.

⑩ 지급 조건 : P/O나 Change Order에 Discount가 적용될 경우 Discount가 적용되는 Item 및 Discount Rate가 명시되어야 한다.

⑪ 유보금 : 유보금이란 명기된 요구사항이 충족될 때까지 일정금액의 지불을 보류하는 것이다. 유보금 조항은 P/O상에서 Spec., Drawing, Spare Partlist Manual 등과 같은 Data Requirement와 연계해서 쓰인다. 유보금 조항은 모든 P/O에 쓰이지는 않는다. 따라서 쓰이는 경우 Buyer는 그 목적을 정확히 Seller에게 이해시켜야 한다.

⑫ Progress Payment(공정별 지급조건) : Progress Payment는 비교적 큰 P/O 금액의 지급에 사용된다. Progress Payment는 2가지 큰 목적에 부합한다. Seller의 Cash-flow를 개선해주어 시간 내에 요구되는 일을 완수할 수 있게 해준다. Progress Payment는 사전에 결정된 Progress에 따라 지급되어야 하며 Seller의 실비용에 근접해야 한다. Progress Payment는 금액이나 퍼센트로 표시할 수 있다. 다음의 사항들이 Progress Payment에 고려되어야 한다.

- 주요 Drawing 및 Data 접수
- Seller의 주요 원자재 접수

• P/O상의 모든 Item의 최종선적
• Purchaser 현장에서 자재의 최종 검사 및 인수
• Drawing 및 Operating Manual의 최종접수
• Project나 Client로부터의 다른 요구사항

(5) 특별조항

① Acceptance Copy : P/O는 Seller가 P/O에 Sign을 하고 Acceptance Copy를 보내주거나 P/O의 수행을 시작하게 함으로써 Buyer 및 Seller를 구속하는 법적 문서가 된다. 계약적인 합의문서로서 Buyer는 Seller로부터 Acceptance의 증빙을 받아야 한다.
② Field Service : Seller의 대리인이 현장에서 기자재의 설치나 Start-up 시 지원을 하거나 Client 인원을 현장에서 Training할 필요가 있을 경우 P/O에 포함시키거나 별도 P/O를 발행할 수 있다.
③ Inspection : 다음 사항이 P/O상에 명기되어야 한다.
  • Inspection : P/O상의 기자재는 첨부된 Inspection Requirement의 검사규정에 따라야 한다.
  • QA/QC Plan : Seller는 본 P/O의 요구사항에 해당하는 "Inspection & Test Plan"을 포함한 QA/QC Plan을 제출해야 한다. Inspection & Test Plan은 다음의 행위들을 이행하고 관리하는 절차를 포함해야 한다.
    - Factory Test, NDE, Hold Point, Witness Point, Observation Point 등을 포함한 Supplier의 검사요구사항
    - Specific Code Standard 및 Buyer의 Reference Spec을 보여주는 Acceptance Criteria
    - 주요 하청 Item, 하청업체 및 하청된 자재에 대한 Source Inspection Level
    - 검사 관련 서류
    - NDE Release, Acceptance Report Form을 비롯한 통상적인 검사기능에 관련된 문서 및 Form
    - 검사 Schedule
④ Spare Parts : Spare Parts의 선정 및 구매는 각 Project의 Requirement에 따라야 한다. Buyer는 Spare Part 구입 시 Project 구매 절차서를 참조해야 한다. 일반적으로 Turn Key Lump Sum Project의 경우 Construction 및 Start-up Spare Part는 기본 P/O에 포함된다.(예 Seller는 다음 사항에 관한 Spare Part 견적서를 제출하여야 한다.)
⑤ Start-up Spare Parts
⑥ One Year Operation Spare Parts
⑦ Construction Spare Parts Requirements

⑧ 구매자가 공급하는 자재 : 구매자는 자재의 일부를 한 Seller로부터 구입하여 또 다른 Seller의 기기에 맞추어 설치할 수 있다. 예를 들어 구매자는 Project에 소요되는 모든 Motor에 대하여 P/O를 발행할 수 있다. 이것은 Motor의 표준화, 가격적인 장점 및 조기 P/O 발행으로 인한 Motor Delivery의 확보 등의 장점을 제공한다. 이 경우 Pump나 Compressor 또는 기타 회전기기공급자는 RFQ란 P/O상의 특별조항으로 Motor가 Motor Maker로부터 직접 Delivery된다는 내용의 통보를 받아야 한다.

⑨ Terms & Conditions에 대한 변경 : 구매자 Terms & Conditions에 대한 어떤 불일치 사항도 P/O가 집행되기 전에 해결해야 한다.

6. Shipping & Packing Requirement

P/O에 첨부되는 Shipping & Packing Requirement는 Sea Freight를 요구하는 모든 기자재에 적용되며 구매 Item에 따라 요약 첨부하는 것을 원칙으로 한다.

7. Business Partner's Progress Report Instruction

모든 Engineered Item에 대하여 Business Partner로부터 Fabrication Plan 및 Progress Report를 Monthly Base로 받는 것을 원칙으로 P/O 서류에 첨부한다.

8. Source Inspection Plan

Source Inspection Plan은 Project와 협의된 각 Item에 대한 Inspection Level에 의해 검사팀에서 작성하여 첨부한다.

9. Supervision Service Condition

Supervision Service Condition은 Project의 성격에 따라 그 내용과 조건이 달라질 수 있으므로 주의 깊게 검토하여 수정해야 하며 현장 Supervisor가 필요한 Mechanical, Electrical 및 Instrument의 Engineered Item에 한해 첨부한다. P/O에 첨부될 시 Business Partner와 상호 합의한 Per Diem Rate를 기술하여야 한다.

10. Purchase Order Numbering System

P/O Numbering System은 해당 프로젝트의 특성에 맞게 부여한다.

[4] Purchase Order Approval and Acknowledgement

1. Purchase Order Approval

Project 구매 수행절차에는 P/O 승인에 대한 범위 및 과정이 명시되어 있어야 한다. P/O를 위한 Technical Requisition에는 Discipline Engineer 및 Discipline 팀장의 Sign이 있어야 하며, P/O의 최종 결재는 다음에 따른다.

(1) 일반적인 Project

Buyer(Prepared), PSM(Checked), PPM(Reviewed), 플랜트 구매팀장(Approved)

(2) Reimbursable Project

① 플랜트 구매팀장
② Client

2. Business Partner's Acknowledgement

P/O가 Issue된 후 Business Partner의 Acknowledgement는 필요하며 이는 P/O가 효력을 발휘하는 것에 대한 확인이다. 통상의 Business Partner Acknowledgement에는 다음 사항을 포함한다.

- P/O Number
- Business Partner의 Shop Order Number
- 발주된 Item의 명세
- 단가
- 납기
- Business Partner의 Terms & Conditions

Buyer는 Business Partner의 Acknowledgement를 검토하고 P/O와 대조해 봐야 한다. Sign된 P/O의 사본과 함께 송부된 Acknowledgement에서 만일 어떤 불일치 사항이 발견되면 약정기일 내 Business Partner에게 통보해야 한다. 이것은 Business Partner의 이미 인쇄된 Terms & Conditions가 사용될 경우 더욱 그러하다. Buyer는 모든 불일치 사항을 발견하고 Business Partner에게 시정조치를 요구해야 한다.

5 글로벌 소싱 매뉴얼

[1] 목적

경쟁력 있는 Vendor의 Pool 구축을 위한 글로벌 소싱과 관련하여 실사원이 수행할 실사업무의 상세절차 및 업무 범위를 규정하여, 정형화된 업무 진행과 실사 후 실사 요건을 만족시키는 결과 확보를 목적으로 한다.

[2] 신규업체 발굴 세부절차

1. 신규업체 발굴 품목 확정 시 고려항목

① 전체 플랜트 기자재에 적용 여부
② 구매액 규모가 클 것
③ Seller's Market Item류
④ 납기문제 해결 필요성
⑤ 신규업체 발굴 시 품질적 측면의 위험도가 낮을 것
⑥ 가격 절감 가능성 여부

2. 업체 리스트 수집 및 업체 조사 시 고려항목

① 자재의 비용 구조에 따른 특성(자재 원가)
② 프로젝트 위치에 따른 특성(물류 비용)
③ 지역 고유의 특성(업체 협조도)
④ Internal EPC 발주처의 Approved Vendor List, 동종 Engineering 사의 Vendor List 및 Survey 정보 취합, Internet 이용, 현지 상공부 또는 무역협회 등을 이용하여 다양한 업체 List를 우선 확보하여 선별
⑤ 대상 지역은 기존에 거래가 활발하지 않았던 주요 신흥개발도상국을 우선적으로 하고, 기존 거래가 유지되었던 지역이라도 거래가 없었던 업체들을 대상으로 선정

3. 지역별 신규 발굴 대상 업체 Spreadsheet 작성

4. 1차 실사 대상 업체 검증 작업

(1) 선정 업체 Web Site를 통한 검증 사항

① Company Profile
② Company Experience & Capacity
③ Technical & Engineering Capability

④ Quality Control
⑤ Shipping & Packing Capabilities

(2) 지사를 활용하여 해당 업체 제작능력 및 규모 재검증

5. 2차 실사 대상 업체 검증 작업

유관 부서그룹 미팅을 통한 2차 검토

6. Preliminary 대상 업체 확정

[3] 신규업체 사전 검증 세부절차

1. 사전 검증을 위한 업체 제출 서류 요청 및 접수

(1) 대상 업체가 선별되면 Shop Survey Questionnaire를 대상 업체 담당자와 Contact하여, 자체 작성 후 송부토록 Communication 실시
(2) 해당 업체에서 작성, 송부한 Shop Survey Questionnaire를 1차 검토 후 유관 부서에 2차 검토 의뢰

2. 재무 신용도 조사 의뢰 – D & B Korea를 통한 재무 평가

(1) D & B Rating의 종합신용평점이 3등급 이상 업체
(2) D & B Rating은 세계 200여 국가에서 사용하는 가장 보편화된 신용평가 점수로서 "재무제표를 기본으로 D & B 자체 분석을 통해 회사의 가치 산출" 및 "회사의 재무제표, 부채상환 능력, 공급 기록, 법인 존속 기간 등을 분석 산출"함

3. 유관 부서 그룹 미팅

(1) 유관 부서(플랜트구매팀, 구매지원팀, Engineering 부서, 기타 유관부서 또는 담당자 등)와 회의를 실시하여 대상 업체를 확정
(2) 실사팀은 Commercial 측면, 기술적인 측면, 품질적인 측면 및 공장 시설, Activities 등을 세부적으로 조사할 수 있도록 2인 1개팀으로 구성 운영

4. 대상 업체와의 방문일정 확정

(1) Meeting Agenda
(2) 참석자 인원

5. 방문 실사

실사 시 주요 확인사항은 다음과 같다.

(1) 거래 신뢰도 평가

① 주요 업체 납품실적
② 등록 발주처 리스트
③ 소유권 변경
④ 노사관계

(2) 납기 경쟁력

① 공급업체관리역량
② 생산관리역량

(3) 품질 경쟁력

① 보유 생산설비 및 수준
② 검사장비 보유수준
③ QC/QA 체계 수준
④ 기술인력 수준
⑤ 표준화 수준

6. 사전 검증 업체 평가표 작성

Vendor Survey 실시 후 작성한 평가기준에 따라서 각 Vendor를 평가

7. 유관 부서 그룹 미팅을 통한 실사 결과 검토

8. 신규 발굴 추가 업체 확정

9. 향후 활용

(1) 최종 평가 결과가 우수한 업체는 RFQ Ready Pool List에 등재 후 향후 활용토록 함
(2) Vendor List 등재 및 향후 활용은 수립한 기준에 따라서 활용, Activity 검증 등의 단계를 거쳐 재평가를 실시하며, 향후 지속적인 활용 여부 등을 결정

[4] 관련 보고서

(1) Supplier Survey Questionnaire
(2) 재무 평가서
(3) Supplier Evaluation Summary Sheet
(4) 글로벌 소싱 결과 보고서

[5] 보고서 작성 및 보고 시기의 예

보고서 종류	의뢰 및 작성시기	보고시기	보고방법	비고
Supplier Survey Questionnaire	실사 전	실사 전 7일 이내	서면 보고	
재무 평가서	실사 전	실사 전 7일 이내	서면 보고	
Supplier Evaluation Summary Sheet	실사 종료 후	실사 후 7일 이내	서면 보고	
글로벌 소싱 결과 보고서	실사 종료 후	실사 후 15일 이내	서면 보고	

6 기계장치 Expediting 지침서

[1] 목적

본 지침서는 기계장치의 제작을 Expediting하기 위한 가이드와 권고사항을 기술하기 위해 작성되었다.

[2] 일반사항

1. Expeditor의 업무는 Buyer로부터 Notice of Order Commitment를 E-mail로 접수하면서 시작된다. Pre-award Meeting이 필요한 경우에는 Buyer에게 Pre-award Meeting 참석 요청을 접수한 시점부터 Expediting이 시작된다.
2. Expediting은 Order Commitment 단계, Engineering 단계, Sub-order 단계, 제작 착수 단계, 제작 단계 및 운송 단계에 따라 관리된다.
3. Expeditor는 계약과 관련된 모든 문제를 Buyer와 PPM에게 전달하여야 한다.
4. Expeditor는 제작상 지연을 발생시킬 수 있는 문제사항이 발견된 경우 M/M팀장에게 보고하고, 이를 조기에 해결할 수 있도록 Project 사업팀, PPM, Buyer 및 담당 Engineer와 협의하여야 한다.
5. Expeditor는 Buyer가 Invoice를 접수하여 확인을 요청하면, 대금지불 조건을 만족하는지 점검 후 확인해 주어야 한다.

[3] 시행 절차

1. Order Commitment 단계

(1) Expeditor는 필요한 경우, 다음 사항의 파악을 위해 Pre-qualification 자료를 검토한다.

① Vendor Profile
② Technical Data & Catalog
③ Vendor의 생산능력
④ 경영시스템 인증서(예 ISO 9001 품질경영인증서) 등

(2) Expeditor는 Kick-off Meeting에 참석하여 다음 사항을 파악, 요청 또는 협의한다.

① Organization과 Communication Channel
② PO가 Vendor Sales에서 PM에게 정확히 전달되었는지
③ Vendor Print Index and Schedule 검토 또는 제출 일정

④ Major Vendor Print 첫 번째 제출 일정(Major Vendor Print : P & ID, GAD, Data-sheet, Foundation Loading Data, WPS/PQR, ITP 등)
⑤ Document Handling Procedure(Numbering, 제출방법 등)
⑥ Delivery Date, Payment Term 등 계약 일반사항
⑦ 운송조건 및 Loading Port
⑧ Early Delivery Item 유무(Anchor Bolts and/or Template)
⑨ Fabrication Schedule(Overall and Detail)
⑩ Major Sub-order Plan(Long Delivery Item and Critical Path Item)
⑪ Free Issue Material
⑫ Main Fabricator Location 및 Shop Load(Backlog 포함)
⑬ MPR Requirements
⑭ Inspection and Test Schedule(PIM 예정 일정 포함)

2. Engineering 단계

(1) Expeditor는 담당 Engineer에게 Major Engineering Vendor Print를, PIC에게 Major Quality Vendor Print를 확인하고, Vendor가 제출한 해당 Vendor Print의 제출 일자를 확인하여 회사 System에 등록한다.

(2) Expeditor는 Major Vendor Print의 제출 일자 1주일 전에 E-mail로 Vendor가 예정된 일자에 해당 Vendor Print를 제출할 수 있는지 확인한다.

(3) 만일 예정된 일자에 해당 Vendor Print가 제출될 수 없다는 답변을 Vendor로부터 접수하거나 해당 일자에 Vendor Print가 접수되지 않을 경우 후속 공정에 미치는 영향을 파악한다.

(4) 후속 공정에 영향을 미치는 경우 Vendor에 Catch-up Plan을 요청하고 Expeditor는 이의 Project 사업팀, PPM, Buyer, 담당 Engineer와 타당성을 검토한다. 타당하지 않을 경우 Project 사업팀, PPM, Buyer, 담당 Engineer와 대책을 수립하여야 한다.

(5) Expeditor는 Project 사업팀에서 요청된 Vendor Print Overdue 해결을 적극 지원하여야 한다.

(6) Expeditor는 또한 Vendor로부터 요청된 당사의 Pending 및/또는 Overdue에 대해서도 관련 조직과 조속히 해결하도록 Coordination하여야 한다. 특히, Major Vendor Print의 검토 및 Vendor에게로의 결과 회신이 늦어지지 않는지를 확인하여야 한다.

(7) Expeditor는 매월 접수되는 Monthly Progress Report에 첨부된 Vendor Print Index and Schedule이 Project 사업팀에서 관리 중인 것과 일치하는지의 확인을 Project 사업팀과 Engineer에게 요청하여야 한다.

(8) Expeditor는 이 외에 Coordination이 필요한 Item을 Engineering 및 Project 사업팀 그리고 Vendor로부터 파악하여 해결 및/또는 지원하여야 한다.

3. Sub-order 단계

(1) Expeditor는 담당 Engineer와 Kick-off Meeting 시 Vendor에게 확인한 Major Item(Long Delivery Item 및 Critical Path상 Item)을 확인하고, Vendor가 제출한 Sub-order Plan에서 제작 일정을 확인하여 회사 System에 등록한다.

(2) Vendor의 자재 구매능력이 낮은 경우 Purchaser의 자재 지급을 고려하고, Vendor의 Sub-vendor가 제시한 Delivery가 너무 긴 경우 회사와 거래하는 Vendor인지 확인하여 협조를 요청하거나 회사와 거래하는 다른 Vendor의 조건이 더 좋은 경우 Vendor에게 해당 Vendor를 추천한다. 특히, Major Item의 경우 납기 준수를 위해 이를 적극적으로 고려하여야 한다.

(3) 원칙적으로 Sub-order는 P & ID가 첫 번째 제출되어 Reject될 만한 큰 문제가 없으면, 후속되어 작성되는 Vendor Internal Datasheet와 함께 이루어진다.

(4) P & ID 작성이 필요 없는 Item의 경우 제작에 필요한 주 자재는 통상 Vendor가 PO 접수 후 2주 내에 자재를 발주한다. 그러나 개발도상국 Vendor의 경우 관련 도면이 확정되는 4~6주 후에 자재를 발주한다.

(5) Expeditor는 Major Item 발주 1주일 전에 Vendor가 예정된 일자에 해당 Item을 발주할 수 있는지 확인한다.

(6) 만일 예정된 일자에 해당 Item이 발주될 수 없다는 답변을 Vendor로부터 접수하거나 해당 일자에 Item이 발주되지 않을 경우 후속 공정에 미치는 영향을 파악한다.

(7) 후속 공정에 영향을 미치는 경우 Vendor에 Catch-up Plan을 요청하고 Expeditor는 Project 사업팀, PPM, Buyer, 담당 Engineer와 이의 타당성을 검토한다. 타당하지 않을 경우 Project 사업팀, PPM, Buyer, 담당 Engineer와 대책을 수립하여야 한다.

(8) Expeditor는 Sub-order와 관련한 Vendor의 Pending 및/또는 Overdue에 대해서 Vendor가 조속히 해결하도록 Vendor와 Coordination하여야 한다.

(9) 또한 Expeditor는 Vendor로부터 요청된 당사의 Pending 및/또는 Overdue에 대해서도 관련 조직과 조속히 해결하도록 Coordination하여야 한다.

(10) Expeditor는 매월 접수되는 Monthly Progress Report에 첨부된 Sub-order Status를 확인하여 신규 발주된 Major Item이 있을 경우 Vendor에게 Unpriced PO를 제출하도록 요청한다.

(11) Expeditor는 접수된 Unpriced PO의 Commercial 부분을 검토하고, 담당 Engineer가 Technical 부분을 검토하도록 송부한다. 또한 Project 사업팀에서 이를 검토하도록 송부한다.

(12) Expeditor는 담당 Engineer 및 Project 사업팀의 검토 결과를 접수하여야 하고 그 결과 Unpriced PO의 개정이 필요할 경우 이를 Vendor에 요청한다.

(13) Expeditor는 이 외에 Coordination이 필요한 Item을 Engineering 및 Project 사업팀 그리고 Vendor로부터 파악하여 해결 및/또는 지원하여야 한다.

4. 제작 착수 단계

(1) Expeditor는 제작 착수 최소 2주 전에 다음을 확인하여야 한다.

① 제작자가 제작에 필요한 도면 및 기타 문서를 보유하고 있으며, 필요한 경우 구매자의 승인을 받았는지 확인한다.

② 제작에 필요한 자재의 입고 예정일을 확인한다.

- 만일 제작자가 선적일자 및 장소, 도착일자 및 장소, 통관 등의 현황을 명확히 제시하지 못하면 지연 가능성이 있다.
- 만일 예정보다 자재 도착이 빠를 경우 제작 착수 일자를 앞으로 조정한다.
- 만일 예정보다 자재 도착이 느릴 경우 Vendor에게 Catch-up Plan을 요청하고 Expeditor는 이의 타당성을 Project 사업팀, PPM, Buyer 및 담당 Engineer 중 해당자와 함께 검토하고, 타당하지 않은 경우 구매팀장에게 지연보고를 한다.

③ WPS/PQR가 구매자의 승인을 받았으며, 제작에 필요한 자격이 인증된 용접사가 충분히 확보되었는지 확인한다.

④ 제작에 필요한 기계가 제작 기간 내 사용 가능한지 확인한다.(하도되는 경우 하도자 기계 포함)

⑤ 제작 작업 단계에 필요한 공간은 충분한지 확인한다.(하도되는 경우 하도자 작업 공간 포함)

- 제작될 제품의 크기 및 무게를 고려할 때 충분한지 확인
- Vendor의 모든 수주 계획을 고려할 때 제작 기간 내 사용 가능한지 확인
- 옥외 제작이 계획되었다면 이를 위한 시설(Crane, 용수/가스/전기 등 Utility, 임시 Shelter 등) 확인

⑥ 제작에 필요한 인원이 충분히 확보되었으며, 제작 기간 내 사용 가능한지 확인한다.(인력이 하도업체에서 동원될 경우 그 하도업체 이름과 작업자 명단 확인)

⑦ 이 외 자재 보관과 다른 프로젝트의 제작 상황을 Survey하고 우리 프로젝트를 위해 개선이 필요할 경우 개선을 요청한다.

(2) Expeditor는 제작 착수 1주일 전에 Vendor가 예정 일자에 제작이 착수될 수 있는지 확인한다.

(3) 만일 예정된 일자에 제작이 착수될 수 없다는 답변을 Vendor로부터 접수하거나 해당 일자에 제작이 착수되지 않을 경우 Expeditor는 Vendor에 Catch-up Plan을 요청한다.

(4) Expeditor는 Project 사업팀, PPM, Buyer, 담당 Engineer와 이를 검토하고, 타당하지 않을 경우 Project 사업팀, PPM, Buyer, 담당 Engineer와 대책을 수립하여야 한다.

(5) Expeditor는 제작 착수와 관련한 Vendor의 Pending 및/또는 Overdue에 대해서 Vendor가 조속히 해결하도록 Vendor와 Coordination하여야 한다.

(6) 또한 Expeditor는 Vendor로부터 요청된 당사의 Pending 및/또는 Overdue에 대해서도 관련 조직과 조속히 해결하도록 Coordination하여야 한다.

(7) Expeditor는 이 외에 Coordination이 필요한 Item을 Engineering 및 Project 사업팀 그리고 Vendor로부터 파악하여 해결 및/또는 지원하여야 한다.

5. 제작 단계

(1) Fabrication Detail Schedule은 통상 계약 후 2~4주 내에 접수되며, Expeditor는 이를 다음 관점에서 검토하고, 여기에서 Major Fabrication Milestone을 회사 System에 등록한다.

① 구매자 요구사항과 Vendor가 제안한 완료시점이 일치하는지
② 각 항목의 계획된 작업기간이 물리적으로 충분(가능)한지
③ 필요한 시기에 제작 시설의 양적, 능력 측면에서 충분히 사용 가능한지(필요한 경우 Fabrication Shop의 방문)
④ 제작에 필요한 인력은 충분한지(필요한 경우 Fabrication Shop의 방문)
⑤ 각 작업 단계에 필요한 공간은 충분한지(필요한 경우 Fabrication Shop의 방문)
⑥ 상기 ③~⑤항을 검토하기 위해 Vendor Fabrication Shop의 총 Work Load를 반드시 확인

(2) Expeditor는 Fabrication Schedule 검토 결과 필요하다고 판단한 경우 Vendor에게 선제작 착수를 요청한다.

(3) Expeditor는 Fabrication Progress를 확인하여야 하며, Detailed Fabrication Schedule의 Major Milestone은 예정일 2주 전에 반드시 해당 Work가 진행될 수 있는지를 확인해야 한다.

(4) Fabrication Progress 확인은 반드시 구매자 회사 직원 또는 구매자가 지정한 3rd Party에 의해 각 Item/Part별로 이루어져야 한다. 확인된 Progress는 Detail Schedule에 그 Status를 표시하고, Critical Path의 경우에는 지연/선행 일자도 함께 표시하여야 한다.

(5) 확인된 Fabrication Progress는 Vendor에서 제출하는 Monthly Progress Report와 비교하여 차이가 있는 경우 Vendor에 재확인을 요청하여야 한다.

(6) Fabrication Progress 확인 결과 지연되거나 지연이 예상될 경우 그리고 Major Milestone의 지연이 예상될 경우 Expeditor는 Vendor에게 Daily Fabrication Schedule을 포함한 Catch-up Plan을 요청하며, Expeditor는 Catch-up을 위해 다음과 같은 사항을 Vendor에게 요청할 수 있다.

① Fabrication Schedule의 재조정(납기 단축을 위한 제작 순서의 조정이나 병행 작업)
② 추가 인력이나 설비/장비의 투입
③ 작업의 하도
④ 작업 Process, 작업 방법이나 재료 변경
- 작업 효율이 좋은 용접 Process로 변경(SAW 작업 증가, 적용 가능한 경우 MAG/FCAW 적용 고려)
- 용접 Groove 형태 재검토
- 구경이 큰 용접봉이나 효율이 좋은 용접봉(E7018이 E7016보다 효율적임)의 사용

⑤ Extra Work 및/또는 교대근무
⑥ 휴일 근무 등

(7) Expeditor는 Project 사업팀, PPM, Buyer, 담당 Engineer와 이를 검토하고, 타당하지 않을 경우 Project 사업팀, PPM, Buyer, 담당 Engineer와 대책을 수립하여야 한다.

(8) Expeditor는 제작과 관련한 Vendor의 Pending 및/또는 Overdue에 대해서 Vendor가 조속히 해결하도록 Vendor와 Coordination하여야 한다.

(9) 또한 Expeditor는 Vendor로부터 요청된 당사의 Pending 및/또는 Overdue에 대해서도 관련 조직과 조속히 해결하도록 Coordination하여야 한다.

(10) Expeditor는 이 외에 Coordination이 필요한 Item을 Engineering 및 Project 사업팀 그리고 Vendor로부터 파악하여 해결 및/또는 지원하여야 한다.

6. 검사 조직과의 Communication

(1) Expeditor는 다음과 같은 검사업무에 대해 검사 조직과 긴밀히 Coordination하여야 한다.
① Kick-off Meeting(회의록을 회사 System에 등록)
② Pre-Inspection Meeting 참석 또는 회의록을 회사 System에서 확인
③ Inspection(Expediting에 주요 Inspection 일정 포함 관리)
④ IRN(회사 System을 통해 발행 확인)

(2) Expeditor는 검사 관련 일정을 지연시키거나 관련 서류의 제출 및 승인이 지연될 문제사항이 발견된 경우 검사 조직에 지체 없이 정보를 제공하여야 한다.

(3) Expeditor는 내부적으로 혹은 Vendor의 요청에 의해 Expediting 및 진행사항에 대한 회의가 있을 시에는 검사 조직에 참석을 요청하여야 한다.

7. 운송 단계

(1) Expeditor는 Kick-off Meeting 시에 Anchor Bolt나 Template와 같은 Pre-delivery Item이 있는지와 운송 예정 일자를 확인하여야 한다.

(2) Expeditor는 Vendor와 Pre-delivery Item의 운송이 예정되는 일자 최소 한 달 전에 Vendor와 이 일정을 재확인하여야 하며, Vendor에게 선편 확보 및 운송을 위한 Road Permit과 Route Survey 필요 여부 검토 등을 위해 (Proforma) Packing List를 요청하여야 한다.

(3) Expeditor는 접수된 운송 서류를 운송 조직에 전달하여 선편을 확보하거나 필요한 조치를 취할 수 있도록 하여야 하며, 운송 전에 프로젝트 통관 조건에 필요한 모든 운송 서류를 접수하여 운송 조직에 송부하여야 한다.

(4) Expeditor는 Vendor의 Sub-order 중 별도 운송이 필요한 경우를 파악하여야 하고 발주 시 Shipping Point가 결정되지 않은 Item의 경우 Shipping Point를 운송 최소 2개월 전에 확인하여야 한다.

(5) Expeditor는 Vendor로부터 Final Inspection 일자가 통보되면, Vendor에게 선편 확보 및 운송을 위한 Road Permit과 Route Survey 필요 여부 검토 등을 위해 (Proforma) Packing List를 요청하여야 한다.

(6) Expeditor는 접수된 운송 서류를 운송 조직에 전달하여 선편을 확보하거나 필요한 조치를 취할 수 있도록 하여야 하며, 운송 전에 프로젝트 통관 조건에 필요한 모든 운송 서류를 접수하여 운송 조직에 송부하여야 한다.

(7) Expeditor는 운송과 관련된 Vendor와의 모든 Communication을 지원하여야 한다.

8. 운송 후 단계

Expeditor는 현장 도착 후 문제점이 발견된 경우 이를 해결하기 위한 구매자 회사 내부 조직 및 Vendor와의 모든 Communication을 주관하여야 한다.

[4] Expediting Level

1. Grade S

① 해당 Project Construction Schedule에 있어 특별하게 중요한 모든 Equipment와 자재들

② 매우 중요한 하도급 자재가 포함된 모든 Equipment와 자재들

③ 과거 계약납기를 준수함에 있어 심각한 문제를 야기시켰던 공급업체에 발주된 모든 Equipment와 자재들

④ Grade S 품목들에 대해서는 발주 즉시 상주 Expeditor를 파견하거나 수시로 방문하는 등 정해진 방법으로 Expediting이 실시되어야 한다. 또한, 최소 일주일에 한 번은 Desk Expediting이 병행되어야 한다.

2. Grade A

① 중요 Equipment와 장기제작 Equipment

② 신규 공급업체에 발주된 주요 Equipment

③ Grade A 해당 품목에 대해서는 매 2주 또는 4주에 1회씩 공급업체와 필요시 하도급 업체를 방문하여 Expediting을 실시하고, 적어도 매 2주에 1회씩 전화, E-mail 그리고 Fax들을 이용해 Expediting을 실시한다.

3. Grade B

① 공급실적이 많은 공급업체에 발주된 주요 Equipment

② 계약납기가 시공일정 대비 충분히 여유가 있는 Equipment

③ 중요하지 아니한 표준제품과 일반 상품

④ Grade B 해당 품목에 대해서는 매 6주 또는 8주, 때때로 특수 품목과 해당 업체에 대한 사전 경험 등에 따라서는 좀 더 자주 Expediting을 실시하며, 필요시 1회씩 공급업체와 하도급 업체를 방문하여 Expediting을 실시하고, 적어도 매 2주에 1회씩 전화, E-mail 그리고 Fax들을 이용해 Expediting을 실시한다.

7 기타 지침서

[1] 배관 Expediting 업무수행 지침서

1. Piping Bulk의 개념

체적, 용적, 대량이라는 양적인 의미(포장되지 않은)의 산적화물이라는 분산의 뜻이 있다. 따라서 Bulk 자재는 그 종류나 특성에 따른 단위(m, ton, pcs, ea 등)로 물량 표시를 할 수 있으며, 그 물량의 일부를 분산하여 생산(또는 제작), 선적할 수 있는 자재라는 특성이 있으며, 이를 감안한 Expediting이 필요하다.

2. Piping Bulk Item(Bulk 자재)

Plant Project에 필요한 Bulk 자재에는 배관(Piping), 전기(Electrical), 계장(Instrument) 품목이 있으며, 여기서는 우선 Piping Bulk 자재에 대하여 기술하기로 한다. 전기/계장 Bulk 자재에도 적용 가능하다.

(1) Piping Bulk 자재

많은 종류가 있으나 당사의 전문 분야인 석유화학공장(Petrochemical Plant Project)에 필요한 주요 자재는 Pipe, Fitting, Valve의 세 가지 품목으로, 이 자재의 적절한 납기관리가 전체 건설공정에 미치는 영향은 실로 막대하며 이를 달성하기 위한 Expediting 방법 또한 Case by Case로(품목, 업체, 긴급도 등에 따라) 다양하게 시행되고 있다.

(2) Piping Bulk 자재의 특성

1) 다품종

품목, Material, Spec., 기능, Size별 발주항목이 많다. 1개 P/O에 100항목이 넘는 경우도 있으며 Project 규모가 커질수록 종류도 다양하고 물량도 많아진다.

2) 분리발주

Project의 설계진도에 따라 1, 2, 3차 MTO(Material Take Off)가 수행되고 이에 의해 구매의뢰, 발주가 이루어진다. 본사 설계와 현장의 상황에 따라 긴급 소요량이 중간에 발주되기도 하며, 1차 MTO 때 발주한 Vendor와는 다른 Vendor에 2차 MTO 물량을 발주하기도 한다.

3) 분리선적(Partial Shipment)

Vendor의 생산일정, 현장의 자재 소요시기, 선적/운송 계획 등을 고려하여 분리선적할 경우가 많다. 1개 P/O가 10차 이상으로 분리선적되기도 한다. 이 경우 Expeditor는 항목별 물량관리, 검사완료물량 대비 선적물량 확인 등의 특별관리를 한다.

3. Equipment와 Piping Bulk 자재의 특성 비교

Equipment(기계)	Piping Bulk 자재
주문품(Order Made, Engineered Item)	표준품(Line Productive Item)
제작도면, 사양-도면 승인 필요	별도 지정품 외에는 도면 승인 불필요
Vendor의 별도 설계 필요	적용 Code 또는 제작자의 Model 사양
Sub-vendor가 많음-별도 관리	Sub-vendor가 적음
제작사 또는 Agent에 발주	제작사, Agent, Stock Dealer에 발주
제작과정별 전수 검사 원칙	서류검사 또는 Random Sample 검사
Vendor's PM을 별도 선임하여 관리	통상 영업담당을 통하여 관리

(1) 표준품이므로 동종 타업체(Vendor)에서도 제작/납품이 가능하며, 제작된 자재는 다른 Project에도 사용 가능하다. 따라서 제작사 입장에서는 여러 Buyer로부터 받은 같은 품목을 한꺼번에 생산(Line Production)하려고 하므로 품종/Size 수가 많은 P/O의 항목별 제작/납품 Schedule이 변경되기 쉽다.

(2) 승인도서가 필요한 발주가 별로 없다(Fitting 및 Valve 일부 품목). 따라서 Expeditor는 발주 시 도면/ITP(Inspection and Test Plan) 승인 조건이 있는지 확인해 보아야 한다.

(3) Pipe, Fitting의 경우 적용 Code/Standards에 의해 제품이 결정된다. Valve의 경우 제작 Model 사양이 적용되므로 제품도면이 Plant 설계진행(Spool-Isometric-Drawing)에 필요한 경우 Vendor 자료를 입수해야 한다.

(4) Piping Bulk 자재의 Sub-vendor(원재료, 자재공급원)는 대략 다음과 같다.
   1) Seamless Pipe : Billet(원재료)
   2) Welded Pipe : Steel Plate
   3) Fittings : Steel Plate, Pipe, Forged Material
   4) Valves : Casting, Forged Material, Parts
      종류별로는 많지 않지만 원자재 시황에 민감한 자재들이므로 Vendor의 수급상황을 발주 초기에 Check할 필요가 있다. 특히 특수 재질(Alloy 등)의 원자재가 필요한 품목이 있을 경우 Material Source도 확인해야 한다.
   5) Bulk 자재 수급 상황에 따라 Stock Dealer에 발주되는 경우가 있다. 이 경우 여러 경로로 복수의 제작사(Maker) 제품을 납품받게 되므로 검사 담당과의 Coordination, Vendor와의 Communication에 주의하여 하자가 있는 제품이 납품되지 않도록 해야 한다.

6) 다품종 다량의 자재가 한꺼번에 제작되어 최종 검사가 이루어지는 경우가 많고, 제품에 따라서 서류검사 또는 Random(3~10%) Sample 검사가 이루어지기 쉬우므로 Vendor와의 신뢰/협조 관계가 품질에 미치는 영향을 무시할 수 없다. Expeditor의 Vendor별 관리 전략이 필요하다.

7) 발주 횟수 및 발주 건당 선적 횟수가 많은 관계로 Expeditor는 발주현황 파악의 많은 부분을 Vendor의 영업담당자와의 Communication에 의지하게 된다. 따라서 Bulk 자재 Expediting의 Performance는 Vendor의 영업담당자를 어떻게 관리하느냐에 달려 있다고 해도 과언이 아니다.

4. Piping Bulk 자재의 발주, 납기 관리

석유화학공장(Petrochemical Plant) 구성의 많은 부분을 차지하는 Piping Bulk 자재의 소요물량이 설계단계에서 어떻게 산출되고 시공단계에서 어떻게 사용되는지를 이해하고, 현재 Expediting하는 자재가 설계/시공의 어떤 단계에서 산출되고 시공될 것인지를 알면 발주/납기 관리에 도움이 된다.

(1) 배관설계 – MR(Material Requisition) Issue

설계단계에서 Bulk의 소요물량 산출은 U/G(Under Ground)용 Bulk의 경우 2단계(1st MTO 및 Balance), A/G(Above Ground)용의 경우 4단계(1st – 3rd MTO 및 Balance)로 이루어지는 것이 정상이지만, 실제 Project 시행에서는 각 단계별로 물량이 추가(Supplement)되어 산출되므로 품목별로는 6~10차에 걸쳐 MR이 Issue되어 발주되고 이에 따라 납기관리(Expediting)업무도 복잡해진다.

U/G, A/G Piping Bulk의 Material Requisition이 Issue되는 과정을 간략하게 정리해 보면 다음과 같다.

1) Under Ground(U/G) Piping MTO(Material Take Off)
Project 초기 설계 단계에서 공장부지 전개도(Plant Layout Drawing)가 출도(出圖)되면 U/G Piping에 소요되는 물량의 80~95%의 MTO가 가능하게 되어 MR Issue 발주가 이루어진다. 추가 및 Balance 물량은 기기배치도(Plot Plan), 설계 변경, 누락 확인 등에 의하여 발주가 되는데 공사의 성격(U/G)상 긴급자재가 될 가능성이 많아진다.

2) Above Ground(A/G) Piping MTO
앞서 말했던 바와 같이 크게 4단계로 나눌 수 있는데 설계 단계별로 연계해보면 대략 다음과 같다. IT의 발달로 3차원의 가상공간(Cyber Space)에서 공장설계를 하여 Piping의 상호간섭 여부를 확인, MTO의 정확도를 높이는 방법이 사용되고 있는데,

이 과정을 간단히 3-D Check %라고 한다. 즉, 3-D Check 80%라고 하면 정확도 80%(또는 설계 80% 공정)를 의미한다고 보면 된다.

① 1st MTO : Plot Plan 완료 단계(3-D Check 60%), 총 물량의 70~80%

② 2nd MTO : 주요 기기의 Vendor Print 승인 완료 단계(3-D Check 80%), 총 물량의 15~25%

③ 3rd MTO : 모든 기기의 Vendor Print 승인 완료 단계(3-D Check 95%), 총 물량의 5~10%

상기 U/G Piping의 경우와 같이 각 단계별로 추가 물량이 산출되어 긴급 발주가 나가기도 한다.

3) 배관 스풀(Spool) 도면 또는 Isometric(줄여서 ISO-) Drawing

배관설계에서 자재 발주용으로 Issue하는 것이 MTO-MR이라면, 현장시공용으로 Issue하는 것이 ISO-DWG이다. 기기와 연결되는 부분이나 Control Valve가 포함되어 Bypass Line과 병행구조를 가지는 등 Flange, Fitting 및 Valve를 포함하는 배관구조는 현장에서 Piping Shop을 개설하여 제작/설치하게 되는데, 이를 위한 제작도면을 말하는 것으로 각 부품의 사양, 치수, 소요량이 표시되어 있다. 따라서 이 도면이 작성되어야 Bulk 자재의 MTO가 가능하여 자재 구매를 할 수 있으며, 또한 현장에서 시공이 가능하다.

4) IMMS(Integrated Material Management System)

회사는 자재관리 System에서 Piping Bulk 자재에 대한 전산관리체계로 IMMS를 사용한다.

자재관리와 관련된 기능을 간략하게 소개하면 다음과 같다.

① 자동 MTO 기능 : 상기 ISO-DWG이 작성되면 이에 대한 MTO가 자동생성된다. 한 Project의 ISO-DWG 전체 매수를 1,000매로 가정하면 대략 600~700매 정도로 1st MTO가 이루어진다고 볼 수 있다.

② 소요자재 Tracking 기능 : 현장에 ISO-DWG과 함께 MTO된 자재목록(B/M, Bill of Material)이 전달되면 ISO-DWG에 의하여 Piping Spool을 제작하기 위해 별도로 자재소요량을 산출하지 않고 도면의 ID No.만 입력하면 자재 청구가 이루어지게 된다. 또한 필요 자재의 현장 반입/재고 여부도 확인 가능하다.

③ 현장 자재관리기능 : 현장 Warehouse에서 자재 입고 시 입고전표(FRR, Field Receiving Report)를 작성하여 발주량 대비 미입고량, ISO-DWG 대비 불출 관리를 할 수 있다.

(2) 현장의 자재 소요

현장에서 Piping Bulk 자재가 투입되는 시점은 크게 3가지로 구분된다.

1) U/G Piping의 경우 현장입고 즉시 투입으로 보면 된다. 시공구역에 따라 미착(Missing) 자재가 있을 경우 공사 착수를 하지 못하는 경우도 있기 때문에 U/G용 배관 자재를

Expediting하는 경우 Project Team(또는 PPM), 현장자재 담당자와의 긴밀한 정보(자재 소요 시점, 납품예정일) 교환이 필요하다.

2) A/G Piping 중 Piping Rack(Steel Structure) 설치 완료 후 배관시공이 착수되는 시점인데, 이 시점에서는 Straight Pipe가 집중적으로 소요된다. Project의 상황에 따라 미리 정해져 있을 수도 있고(선행 공정), 자재 입고상황에 따라 조정 가능한 경우(독립 공정)도 있다. 선행 공정일 경우 납기관리에 만전을 기하여야 한다.

3) A/G Piping Shop 운용과 자재 소요에 대한 내용은 다음과 같다.

① Piping Shop(Piping Spool을 제작하는 곳)의 개설

석유화학 Plant의 Construction Schedule에 있어서 Piping Shop 개설 시점은 매우 중요한 의미를 가진다. 일의 양은 정해져 있고 공기도 정해져 있는데 설계(ISO－DWG Issue)가 늦어지거나 자재 입고가 늦어져 Shop 개설이 늦어지면, Skilled Labor의 수를 늘리고 Shop Area도 늘어나게 되므로 공사비가 상당히 증가하게 된다.

따라서 현장에서는 아래의 사항을 고려, Piping Shop 개설시점을 조정한다.

- ISO－DWG이 60% 이상 현장에 Issue되었고, 순차적으로 Issue 가능한가?
- 1st MTO에 의해 발주된 Bulk 자재가 종류별로 60% 이상 입고되었는가? 또한 미입고 자재의 예상 납기가 자재의 재고관리에 지장을 초래하지 않는가?(Bulk 자재 총 소요량의 50% 정도가 입고되어야 개설 가능)
- 현재 현장에 입고된 Bulk 자재로, Issue된 ISO－DWG의 80% 이상 제작이 가능한가?
- 기타 현장 여건

② Piping Shop 개설 이후의 Piping Bulk 자재 Expediting

현장 Piping Shop이 개설되었으면 Piping Bulk 자재의 Expediting은 한층 더 그 집중도를 높여야 한다. 계약 납기를 넘기는 품목에 대하여는 Item by Item으로 관리하여 예상납기를 PPM/현장에 알려주어야 한다.

5. Piping Bulk 자재 Expediting

(1) Expediting 일반

1) Expediting 범위

계약 이후부터 현장으로 납품되기까지의 모든 Activity를 파악하고 문제점 발생 시 해결이 가능토록 협조하는 것을 포함한다.

2) Expeditor의 책임

Expeditor는 현장상황을 고려하여 품목의 중요도에 따라 Expediting Plan을 세워야 하며 계약서의 계약 납기를 Project에서 요구하는 수준에 맞추어 계약납기 내에 납품을 실시해야 하며 주기적으로 Expediting 결과를 PPM에게 보고하여야 한다.

① 발주자로부터 계약서 접수(납기 및 발주 Spec. 검토)
② 발주업체로부터 제작계획서 접수(Sub-order Status, Critical 공정)
③ Vendor Print 접수를 위한 Coordination
④ 납기 독려(일정 준수 여부)
⑤ 검사 Coordination(검사신청, IRN)
⑥ 선적 관련 Coordination(선적서류, 선적일정)
⑦ 현장, Vendor 간의 부적합 사항 및 OS & D 관련 Coordination
⑧ PPM과의 Coordination(Expediting Report)

3) Expediting의 종류

① Desk Expediting(주로 Stockist와의 계약 시)
제작현황을 파악하기 위하여 유선이나 전자우편으로 계약업체와 접촉하는 것이다.

② 제작사 방문 Expediting

- 주기적 방문 Expediting(주로 납기지연 가능성이 없으며 당사에 우호적인 제작업체와의 계약 시) : 품목의 중요도에 따라 정기적인 방문계획을 세워 제작사를 방문하여 제작 독려를 하는 것이다.
- 상주 Expediting(주로 납기지연 가능성이 많으며 현장의 Critical 품목일 경우) : 현장공정상 납기 지연 시 문제가 되거나 제작사의 신뢰도가 부족하고 기존에 납기지연으로 문제가 됐던 업체로 향후에도 문제가 예상될 경우이다.

(2) 집중관리항목

주요 발주분(MTO)

Bulk 자재의 발주는 횟수가 많아 1개 Project에 200개의 PO가 Issue되기도 한다. 모든 PO에 Expediting Manual대로 관리하자면 많은 인원 및 경비가 소요된다. 실제로 Close Expediting이 필요한 PO를 구분하여 집중 관리할 필요가 있다.

① 1st MTO에 의한 발주분 : Plant 전체 소요량의 70% 이상이 발주되므로 그 종류 및 물량이 많아 분리 선적(Partial Shipment) 조건으로 계약되는 경우가 많다. 60~70%의 물량이 현장 입고되면 Piping Shop이 개설되므로 잔량의 납기관리까지 Close Expediting이 필요하다.

② U/G Piping의 2nd and/or Balance MTO에 의한 발주분 : 현장시공 특성상 긴급 자재일 경우가 많으며, 현장에서는 이 물량이 입고되어야만 시공이 가능하므로 공사 착수를 연기하거나 공사 중에 중단하는 수도 있다.

③ 전(前)의 MTO보다 물량이 현저히 많은 다음 MTO 설계 단계에서 보류되었거나 보완된 물량으로 긴급 자재일 가능성이 많다.

(3) 원자재/재료의 조달 여부

Piping Bulk 자재의 원자재/재료는 국제시장 상황에 민감하게 반응하는 자재가 대부분이다. 발주 단계에서 한번 걸러지더라도 제작 단계에서 시황이 바뀔 수도 있고, 호환성이 많으므로 더 급한 다른 회사의 용도로 사용될 수도 있으므로 Vendor/제작사의 Shop Load가 많을 때는 수시로 확인할 필요가 있다.

(4) Vendor/Maker(제작사)의 Work Load(Shop Load)

Piping Bulk 자재는 대부분 Line Production이므로 제작사의 입장에서는 공장 부하가 많을수록 생산 Line이 Setup되면 다른 발주분의 같은 품목을(늦게 발주된 것이라도) 생산하려고 하기 때문에 Expediting하기가 어렵다. 또한 친밀한 발주자의 요구를 먼저 들어주고 적당하게 구실을 붙여 납기 연기 신청을 하는 경우도 있다. 발주 당시의 납기 협의 내용을 Buyer로부터 듣고 Expediting에 참고하고, 수시로 Vendor/제작사의 수주 내용을 파악할 필요가 있다.(긴급/주요 발주분의 Expediting 시는 주의하여 관찰해야 함)

(5) Vendor/Maker(제작사)의 Key Personnel

Vendor/제작사의 주요 담당자로 영업 담당(책임)자, 생산관리 담당(책임)자, 품질관리 담당(책임)자 등을 들 수 있다. 효율적인 Expediting을 위하여는 복수의 Communication Channel을 가지는 것이 바람직하다. 이를 위하여 적절한 시기에 Shop Visit Expediting을 실시한다. 또한 Pipe Coating, Fitting류, Valve류의 많은 Vendor/제작사들이 중소기업의 특성을 가지고 있어 주요 담당(책임)자들의 동종 타 업체 이동이나 신규업체 창업 등 변화가 있을 수 있고, 이에 따라 업체의 Performance에 변화가 일어나기 쉬우므로 구매담당자와 함께 평소 관리하는 업체의 정보도 공유할 필요가 있다.

(6) Expediting Coordination

Piping Bulk 자재에 관하여는 Expediting Performance의 70% 이상이 사내 업무 관련 담당자와 Coordination에 의해 좌우된다고 할 수 있을 정도다. 나머지 20~30%가 유용한 Expediting Report의 적기에 제출하는 것이다. Piping Bulk 자재의 효율적인 Expediting을 수행하기 위하여 개별적 · 통합적으로 Coordination이 필요한 담당자 각각의 Coordination Agenda는 다음과 같다.

1) 구매담당자

① 업무 Load의 사전 파악 : 발주 과정에 있는 대량/긴급 MTO가 있는가?

② Vendor/제작사의 발주 시 상황 : 신규 계약된 물량을 업체가 자신 있게 납기준수를 약속했는가?(아니면 억지로 떠맡았는가?)

③ 납품업무 수행 중인 Vendor/제작사에 대한 제3자의 정보 : 경쟁사 또는 관계사 등으로부터 전해 들은 업체 정보도 Expediting에 참고할 수 있다.
④ 필요시 Impact Expediting 요청 : 특별한 납기 단축 또는 납기의 추가 지연 방지를 위해 구매담당자의 도움이 필요한 경우도 있다.

2) PPM(Project Procurement Manager)
① Expediting의 Performance는 가능한 한 실시간으로 PPM(cc to 팀장)에게 전해지도록 하고, PPM으로부터 요청받은 사항은 팀장에게 회송하여 Expediting 담당자가 수행하고 있는 업무 내용을 책임자급 2인 이상이 동시에 알 수 있도록 관리할 필요가 있다.
② Expediting 우선순위 배정 : 현장에서 U/G 배관공사가 착공되거나, Piping Shop이 개설되면 Piping Bulk 자재에 대한 긴급 요구사항이 Project별로 PM Team에서, 현장에서 동시 다발적으로 접수되는 경우가 많다. 이때 PO별, 품목별 긴급도를 조정해 줄 수 있는 담당은 PPM이다.
③ Expediting Report는 크게 2가지로 분류하는데, Expediting Status Report와 Shop Visit Expediting Report로 나눌 수 있다. 가능하다면 해당 Project에서 규정한 양식으로 영문으로 작성하여 PPM의 최소한의 Modification으로 PM Team이나 대 Client(or Project Owner)용으로도 사용 가능하도록 한다.

3) PIC(Project Inspection Coordinator)
① Piping Bulk 자재는 Project별/품목별로 Inspection Level이 다양하다. 또한 Vendor/제작사의 Certificate나 Mill Sheet를 Review하여 최종검사가 이루어지는 경우도 많으므로 Expediting 시 Inspection Level(및 중요한 검사항목, 또는 Random Sample 검사인지)을 알고 있어야 한다.
② Bulk 자재의 특성상 분리 납품(선적)되는 경우가 많아, Expediting 대상품목 중 몇 개가 언제 제작되어 언제 검사받고 언제 출하 가능한지, Balance 물량은 언제 제작완료 예정인지를 알고 있어야 한다. Project에 따라서는 최종검사가 Packing Inspection일 경우도 있고, 최종 검사 후 Painting이 되어야 출하/선적 가능한 경우도 있다.
③ Vendor/제작사와의 Communication을 PIC와 공유하는 것이 Expediting 업무에 효율적이다. IRN(Inspection Release Notice)이 발행되어야 납품이 가능하므로 PIC를 통해 이에 대한 여부를 확인해야 한다.

4) 운송담당자 – Logistics Engineer

① 해외 Project용 Piping Bulk 자재를 Expediting하는 경우 운송담당자와의 긴밀한 Coordination이 필요하다. 자재 특성상 Container 선적이 가능한 경우가 많으므로 Equipment 선적에 비해서 운송계획을 수립하는 데 상대적으로 어려움은 적으나 긴급물량 발생률도 높으므로 항공운송이 불가피한 경우도 발생한다.

② 분리 선적 시 IRN에 기재된 물량과 선적서류(Shipping Document)에 있는 Packing List상의 기재내용이 일치하는지를 확인해야 한다. Vendor/제작사로부터 Proforma Packing List를 접수하여 사전 확인할 수도 있으나 출하 담당(책임)자가 작성하여야 신뢰할 수 있다.

③ IRN 발행시점으로부터 선적서류 접수시점까지는 PPM – PIC – Traffic Controller – 현장 Warehouse Controller와의 통합 Coordination이 필요하다.

(7) 단계별 주요 Expediting Check 사항 및 수행업무

1) Initial Contact 및 기초정보 입수

① Purchase Order를 접수하여 업무 범위와 특이 계약사항 및 조건을 숙지한다.

② 해당 Purchase Order의 Supplier로부터 아래의 정보를 입수한다.

- Contact Points 확인(담당자 및 연락처)
- Vendor의 Workload 파악
- 제작 관련 작업 착수시점
- Vendor Prints 접수

③ 발주 품목의 생산문제뿐만 아니라 Engineer에게 관련 서류(설계도, Design Data 및 요청된 특정 Data 서류 등)가 제출될 수 있도록 지원한다.

2) Progress Report 접수 및 검토

① 제작자의 Progress Report 제출을 독려하여 접수한다.

② Progress Report는 PO의 진척 상황으로서 Engineering, 원자재 구매, 생산 및 선적 Schedule 등을 확인하기 위해 접수한다.

- Engineering 관련 사항 확인
- 원자재 및 외주 물량 입고 일자 확인
- 제작 완료일 및 선적 일정 확인

3) Fabrication Expediting

① 제작이 착수되면, 각 파트의 계획된 제작 스케줄 기간이 계약납기까지 충분한지 확인한다.

② 이때, 제작자의 총 수주량을 고려하여 파악하여야 한다.

③ 제작기간 중, 발생할 수 있는 기술적 문제를 해결할 수 있도록 관련 부서 간의 협조가 잘 이루어지도록 관리한다.

④ 만일, 제작자가 현황(예를 들어, 제작 완료 일정 및 선적 일자 등)을 명확하게 제시하지 못하면 지연 여부를 판단하여야 한다.

⑤ 지연 가능성이 있을 경우, 모든 관련 사항에 대해 조사하고, Supplier로 하여금 적극적으로 해결책을 찾고 대안을 제시할 수 있도록 관리한다.

4) 납기 지연 시 Expediting 및 대책 수립

① 단계별 Expediting을 하면서 지연 예상되는 품목에 대해서는 사전에 특별 관리를 하여 지연되지 않도록 한다.

② 지연된 품목에 대해서는 지연 원인을 명확히 파악하고 개선된 납기일을 접수하여 구매팀장 및 PPM에게 보고하여야 한다.

- 현장 긴급품목을 확인하여 우선 생산 가능하도록 Supplier와 협의한다.
- 외주공장에 생산 일부를 위탁하거나 재고를 수배할 것을 제안한다.

5) Inspection 및 Transportation Expediting

① Inspection and Test Plan(ITP)을 확인한 후, 검사신청서 제출을 독려한다.

② 검사완료 후, 검사확인서(IRN) 및 선적서류(Packing List, Invoice, C/O)가 제출될 수 있도록 관리하여야 한다.

③ 검사 결과에 따라 납기 지연이 예상될 경우 담당자와 회의를 주선하여 대책을 마련한다.

6) OS & D Expediting

① 현장으로부터 접수한 Shortage, Damage & Non－conformance 등에 대한 사항이 해결될 수 있도록 지원해야 한다.

② 각 관련자에게 통보하고 대책을 마련하여 추가 납품 일정 등을 협의한다.

(8) 회사 System을 통한 납기 관리

해외 Project의 경우 현장과의 밀접한 자재 공급 시점을 맞추기 위해, Expeditor는 Vendor로부터 최신 납기 정보를 회사 System을 통해 수집하고 이를 근거로 한 납기관리가 이루어지도록 모니터링해야 한다.

[2] 전기, 계장 Expediting 업무 수행 지침서

1. 목적

이 지침서는 일반 Project의 전기/계장 품목에 대한 Expediting을 성공적으로 달성하기 위한 일반적인 업무를 서술한 것이다. 따라서 특수한 Project의 Expediting 절차서는 특정 고객 및 Project 필요사항에 따라 수정 · 보완되어야 한다.

2. 전기/계장 품목 Group별 Expediting

(1) 전기 Power Equipment류

① 주요 Item : Switchgear, MCC, Transformer, UPS, DC Charger, Generator, etc.

② Vendor가 제한적이며, 대부분 해외 Vendor이다.

③ 특성상 Fabrication 말기까지도 Engineering Side와 Vendor 간의 Technical 관련 Clarification이 발생하므로, Delivery Impact 여부와 관련해 Modification 사항 등에 대한 Close Concern이 요구된다.

④ 특히 Vendor's Market인 경우, 타사 Project 대비 우선순위에서 앞서갈 수 있도록 Vendor의 Person in Charge와 정기, 비정기적인 Contact가 필요하다.

⑤ 초기에는 Drawing 및 ITP 등의 Submission Schedule을 꼼꼼히 챙겨야 Delivery Impact를 최소화시킬 수 있다.

⑥ 중기부터는 MPR의 철저한 관리를 통해 Sub-order Status, Factory Overall Load Schedule 등을 Monitoring한다.

⑦ FAT Schedule은 Site Required Date(SRD)를 고려, Engineering Side와 협의하여 진행한다.

(2) 전기 System류

① 주요 Item : CCTV, Paging, Telephone, Fire Alarm System, etc.

② 전반적으로 Power Equipment와 동일한 Concern Point로 진행

(3) 전기 Explosion Proof Material

① 주요 Item : Lighting, Junction Box, etc.

② Vendor가 제한적이며, 대부분 해외 Vendor이다.

③ Drawing 및 ITP 등 Vendor Document Schedule을 잘 챙기면 Delivery Impact는 발생할 소지가 적은 Item이다.

④ 추가물량 관리 및 Partial Delivery에 대한 Concern이 필요하다.

(4) 전기 Bulk류

① 주요 Item : Cable, Tray, Gland, Termination Material, etc.
② 주로 Cable 및 Cable 작업 관련 Item으로 다품종 다량이 특징이다.
③ Vendor Document 및 Manufacturing Schedule 관리와 추가발주 물량, 수량 또는 Specification 변경사항 및 Partial Delivery 관리가 중요하다.

(5) 계장 Control System & Analyzer류

① 주요 Item : Distributed Control System(DCS), Emergency Shut-down(ESD), Programmable Logic Controller(PLC), Fire & Gas System(F & G), etc.
② Kick-off Meeting을 통해 Vendor Document Submission Schedule 등을 Fix한다.
③ MPR을 통해 Sub-order Status 등을 파악하고, 특히 Panel 및 Input/Output Card 등 Hardware Delivery Status를 수시로 Check한다.
④ Engineering Side와 긴밀한 협조 속에 Factory Acceptance Test를 Scheduling한다.(필요시 Pre-FAT Meeting 실시)

(6) 계장 Control Valve류

① 주요 Item : Control Valve(Globe, Butterfly, etc.), Shut-down On-off Valve, Motor Operated Valve, Pressure Regulation Valve, Pressure Safety & Relief Valve, etc.
② 다량의 Tagged Item으로 Vendor Document 등 Engineering Work의 변동이 빈번하다.
③ Vendor Document Status를 잘 Check하고, Casting 등의 Sub-order Status를 수시로 점검한다.
④ MPR 접수 및 Vendor와의 정기적 Communication을 통해 Valve 및 Actuator Assembly Status와 Totality Test 진행상황 등을 수시로 점검한다.
⑤ 현장의 작업 Schedule에 따라 Partial Delivery를 하는 경우가 많으므로 이에 대한 현황관리에 만전을 기해야 한다.

(7) 계장 Field Instrument류

① 주요 Item : Flow, Level, Temperature, Pressure Measurement, etc.
② 다량의 Tagged Item으로 구성된다.
③ Vendor Document Status 및 MPR 관리를 통해 Progress를 수시로 Check하는 것이 필요하며, Partial Delivery가 다수 발생하므로 철저한 현황관리가 필요하다.

(8) 계장 Bulk류

① 주요 Item : Instrument Cable, Instrument Junction Box, Instrument Cable Gland & Tray, Multi Cable Transit, etc.

② Vendor Document Status 및 Fabrication Schedule을 수시로 확인한다.

③ Partial Delivery Status를 관리한다.

[3] PPM 업무수행 지침서

1. PPM(Project Procurement Manager)의 선임

(1) PPM은 Project 수행에 있어 구매 업무에 관하여 Key Position이며, PM의 요청에 따라 구매실장 및 구매팀장의 협의하에 선임된다. 구매실의 행정적 지원, PM의 지시 및 업무 협조에 의거하여 PPM은 해당 Project에 Assign된 모든 구매요원들을 관리 · 감독한다.

(2) Project 관련 계약이 체결되면, PPM이 선임되어 Project Team에 배속된다(Project의 규모에 따라 소규모 Project의 경우 PPM은 M/M팀에 위치하여 PPM 업무를 수행할 수도 있다). Project 초기 PPM은 Procedure 등을 확정하고 문서화하여 관련 부서에 배포한다.

2. Project Procurement Plan 작성

(1) Procurement Plan은 각 구매 행위들을 예측 · 통제 · 보고하기 위한 각 구매 기능 · 요구사항 · Format 등에 관하여 기술하여야 한다. Procurement Plan은 구매 업무의 큰 틀을 명시하며 이것으로부터 세세한 구매 Procedure가 작성되며 수행된다. 적절한 Planning은 성공적 구매 관리의 목표에 도달하는 가장 중요한 요소이며, 다음 사항을 포함한다.

① 구매된 기자재에 대해 최상의 가치를 획득한다.

② 필요할 때, 필요한 곳에 공급자가 확보되어 있어야 한다.

③ 품질요구가 충족되어야 한다.

④ 현장으로 효율적이고 저가의 운송수단을 공급해야 하며 현장의 안전한 자재 보관 수단이 강구되어야 한다.

⑤ 잉여자재를 최소화하여야 한다.

(2) PPM은 Procurement Plan을 작성하기 전 검증해야 할 많은 정보를 가지고 있으며, 최소한 다음 사항이 검토되어야 한다.

① Project의 Option 사항들을 검토해야 한다.

② Project 원 계약 및 Project의 목표를 검토해야 한다.

③ Client와의 Coordination Procedure를 검토해야 한다.

④ Project Manager 및 Client의 요구사항을 확인하고 이해하여야 한다.
⑤ PE, PCM, CM, 경리 등과 만나 업무 Scope 협의를 한다.

(3) 구매 전략이나 후속으로 오는 자세한 Planning도 Project에 대한 기초 정보 없이는 시작할 수 없다. 다음과 같은 여러 가지 사항들을 고려한다.

Project 규모, 역무범위, 위치, Cash Flow 요구사항, 주요 기자재 구매에 대한 Schedule 및 Critical Path, Owner 요구사항, Owner로부터의 승인사항, Project Assigned Member, Inspection Roles, Approved Bidder List, etc.

3. Project Risk 관리

(1) PPM은 구매 Plan 작성 및 구매업무와 관련이 있는 Risk 사항을 고려해야 한다. Risk는 손실이나 위험의 가능성으로 정의된다. 건설 Project에서 Risk는 재정적인 손실의 가능성을 의미하지만 한편으로는 Schedule 지연에 따른 결과적 손실을 의미하기도 한다. Risk 관리는 현재와 향후의 운영이나 행위에 연관된 Risk를 확인하고 산정하는 체계적인 접근방법이며, 관련 Risk를 줄이거나, 제거하거나, 이동시키는 데 필요한 조치를 취하는 것이다. Risk는 Project 차원이나 구매계약 차원에서 관리되어야 하며, 구매의 모든 측면에 적용되어야 한다.

(2) Risk 관리를 돕기 위한 개별 사안들의 예는 다음과 같다.
① Manpower Level
② Bonds
③ Liquidated Damage, Bonuses
④ Level of Shop Inspection
⑤ Level of Expediting

4. 구매 업무 System

PPM은 Project 구매업무와 관련하여 사용할 System을 고려한다.
① B/M Take Off
② Document Tracking
③ Bid Evaluation & P/O Issue
④ Material Tracking
⑤ Back Charge Control
⑥ DSN Control

⑦ Receiving & Inventory Control
⑧ Field Material Requisition

5. Procurement Procedure 작성

(1) Project Procurement Procedure는 Project 원 계약의 요구사항 및 Project에서 구매 행위를 적절히 수행하는 데 필요한 모든 정보들로 구성된다. Procedure는 Procurement Plan이 어떻게 수행되어야 할지 상세히 기술한다. PPM은 Procurement Procedure를 작성하고 유지할 책임이 있다. PPM은 Procurement Procedure가 구매 인원 및 기타 본사, 현장에 있는 유관부서, Client 조직 내 인원들 사이에 구매 관련 업무 Tool이라는 것을 명심하여야 한다.
PPM은 Procurement Procedure 작성 시 다음 사항을 고려하여야 하며, Project의 환경에 따라 추가하거나 삭제해야 할 사항을 확정하여 Procedure를 완성한다.

(2) Project Procurement Procedure에는 다음 내용이 포함된다.
① General
- 구매정책
- Procedure의 사용
- 구매 행위별 Scope
- 구매조직
- Communication
- 구매업무 관련 Filing에 관한 사항
- Progress 산정방법
- Document Distribution
- 구매 관행 사항
- Supplier Evaluation Procedure

② 구매업무
- PO, RFQ Numbering
- Suppliers
- 견적 요구사항
- Proprietary Information
- Request for Quotation(RFQs)
- Quotation Summaries
- Purchase Order(POs)
- Adjustments After P/O Award

- Blanket Orders
- 구매업무 관련 Document 현황 및 Monitoring
- Critical Equipment 수행 관련 사항
- Critical Supplier에 관한 Information
- Escalation, Price Adjustment 및 기타 재무 관련 사항
- Tax
- Spare Parts
- PO Files
- Supplier Back Charges
- 잉여자재에 관한 사항
- 공급자가 제공해야 할 현장 Service 사항
- P/O Close Out 사항

③ Expediting
- Home Office Expediting
- Shop Expediting
- Expediting Status Report

④ Inspection
- Inspection Coordination
- Shop Inspection
- Inspection Status Report

⑤ Traffic & Logistics
- 운송비 산정
- 운송 Route 관련 사항
- 보험
- 운송 관련 Claim 사항
- Heavy Lift/Oversize 운송 관련 사항
- 관세 관련 사항

⑥ 현장구매 관련 사항
- 현장구매
- 현장구매 Expediting
- 현장구매 Inspection

⑦ Warehouse
- Receiving Inspection
- Warehouse System
- DSN 관련 사항

6. P/O Terms & Conditions Review 및 확정

PPM은 Project 원 계약서를 Review하고, 회사 Standard 구매계약서에 반영할 부분을 발췌하여 반영한 후 확정해야 한다. 확정된 해당 Project용 Terms & Conditions는 회사 법무팀의 검토를 거친 후 사용한다.

7. Project Vendor List 준비

(1) 대부분의 경우 Project의 수행에 있어 Client로부터 Approved Vendor List가 있으며 Client는 Approved Vendor List 중에서 기자재 구매를 요구하고 있다. 따라서 PPM은 Approved Vendor List를 유지 · 관리해야 하며, 각 Buyer에게 배포 및 홍보하여야 한다.

(2) Approved Vendor List에 없는 Vendor로부터 기자재 구매를 할 경우 Client로부터 사전 승인을 득해야 하므로, Additional Vendor 승인에 대한 절차를 확정해야 한다.

8. Status, Report Format 확정

PPM은 해당 Project에 사용할 Status, Report Format 등을 Project 요구사항에 맞게 확정시켜야 한다.

(1) Procurement Status Report, Expediting Status Report, Inspection Status Report

(2) Expediting Report, Inspection Report, etc.

(3) 각종 Working Report

9. 발주처에 승인받아야 할 구매 관련 Document 확정

(1) Project별 또는 발주처에 따라 승인받아야 할 구매 관련 Document는 다를 수 있으며, PPM은 Project 초기에 이를 확정하여 해당 부서에 통보하여야 한다.

(2) 승인받아야 할 구매 관련 Document의 Sample은 다음과 같다.

① P/O

② PSR

③ Expediting Report

④ Inspection Report

10. Procurement Document Distribution Schedule 확정

(1) PPM은 해당 Project와 관련하여 유관 부서에 배포되어야 하는 구매 Document 및 배포처를 확정하여야 한다.

(2) 구매 관련 Document는 Schedule에 따라 해당 Document Hard Copy를 만들어 배포하여야 하며 필요한 경우 E-file도 같이 발송하여야 한다.

11. 유지 관리해야 할 구매 관련 File 확정

PPM은 Project 수행 중 유지 관리하여야 할 File 목록을 확정해야 하며, 그 예는 다음과 같다.

(1) Client Form
(2) Job Instruction
(3) Procurement Procedure
(4) 구매에 연관된 Engineering 사항
(5) Inquiry & P/O Index File
(6) Procurement Status Report
(7) Expediting Status Report
(8) Inspection Status Report
(9) Project Master Schedule(Engineering Schedule, Construction Schedule)
(10) Equipment List
(11) Minutes of Meeting
(12) Correspondence to Client
(13) Correspondence from Client
(14) Approval Vendor List

12. Project Procurement 실행 예산 작성

(1) Project 실행 예산 중 구매 예산은 PPM(PM)이 주도하여 Buyer의 협조를 구해 준비하여 PCM이 확정한다.

(2) Project 수행 도중 필요에 따라 작성되는 구매실행 변경작업도 PPM이 주도하며, PM이 Top Management에게 보고할 경우 보고서에 PPM의 Co-sign이 반드시 들어가야 한다.

13. Master Schedule 관리 및 숙지

(1) PPM은 해당 Project Engineering Schedule, Construction Schedule을 기초로 Procurement Schedule을 작성하고 유관부서에 통보한다.

(2) Engineering Schedule, Construction Schedule의 변경사항이 생길 시 그 부분을 반영하여 Procurement Schedule을 변경한다.

(3) 각 Buyer 및 Expeditor는 Procurement Schedule을 숙지하여 업무에 참조해야 하며 담당업무에 대한 Priority를 판단해야 한다.

14. Procurement Activity Control & Monitoring

(1) PPM은 편성된 Budget 내에서 Schedule에 맞춰 P/O가 Issue될 수 있도록 각 Assign된 Buyer의 Activity를 Control하고, Monitoring한다.

(2) PPM은 P/O Issue 후 발주된 기자재가 P/O 납기 내에 Delivery될 수 있도록 Assign된 Expeditor의 Activity를 Control하고 Monitoring한다.

(3) PPM은 Client의 품질요구사항에 맞는 품질이 확보될 수 있도록 PIC를 통해 각 Inspection Activity를 Control 및 Monitoring한다. 또한, Shop에서의 Performance Test 도중 발생한 Punch사항 및 Punch Clear에 대한 Follow-up이 체계적으로 이루어지도록 PIC(Project Inspection Coordinator)를 감독한다.

15. 해외지점 활용방안 Study

(1) PPM은 해당 Project 구매 관련 시장상황, Vendor Load, 예상 발주지역 등을 감안해 당사 지점망 활용을 Study한다.

(2) 필요할 경우 일부 Expeditor 등의 지점 파견 필요성 등을 검토하고 구매지원팀장과 협의한다.

16. 대 발주처 Monthly Meeting 참석

(1) 해당 Project 구매업무 관련 Client와의 Monthly Meeting은 PPM이 참석한다.

(2) 필요할 경우 또는 Client나 Project로부터 요구될 경우 동반 참석해야 할 인원을 사전에 통보하고 해당 부서장의 승인을 득하여 같이 참석할 수 있다.

17. Procurement Progress 산정방법 확정

(1) Project Progress 산정방법은 대부분 Project 원 계약서에 명시되어 있다.

(2) PPM은 구매 관련 Progress 산정에 대하여 숙지해야 하며, 각 구매 요원들에게 교육을 시켜야 한다.

(3) Progress Achievement는 기성수령과 관련이 있으며 또한 구매 Activity에 대한 성과 지표이므로 매우 신경을 써야 할 부분이다.

18. Meeting Arrange

PPM은 구매업무 관련 Trouble 발생 시 Trouble Shooting을 위한 Meeting을 주선한다.

[4] 공장검사업무 매뉴얼

1. 목적

본 매뉴얼은 수행하는 모든 Project(토목, 건축 Project는 제외) 기자재 검사업무에 대한 상세 절차를 규정하여 검사업무를 수행하는 당사의 검사원 및 당사로부터 검사용역을 의뢰받아 수행하는 제3자 검사용역사 검사원이 명확하고 원활한 검사업무를 실시, 기자재의 주어진 요건을 만족시키는 품질확보를 통해 현장에서의 발생 가능한 문제점을 최소화시키기 위한 목적으로 작성된다.

2. 검사원의 업무 및 자격요건

(1) 검사원(Inspector)의 업무

1) 승인된 Vendor Print, Inspection & Test Plan/Procedure 및 구매사양서에 의한 검사업무 수행
2) 대상 기자재에 대한 검사 결과 및 문제점 발생 시 Project Inspection Coordinator에게 보고

3) 필요시 Pre－Inspection Meeting 참석
4) Vendor의 검사성적서 Review 및 Seal Stamping
5) 검사수행 Item에 대한 검사보고서 작성 및 송부
6) 불일치 사항의 보고 및 NCR(Non－Conformance Report) 발행
7) Inspection Release Notice 발행(최종 검사 합격 시)

(2) 검사원의 기본조건 및 자격요건

1) 검사원이 갖추어야 할 기본조건
① 학력은 최소 고졸 이상
② 해당 분야 검사 경력이 최소 3년 이상
③ 공학적 기초지식
④ 기술사양의 이해
⑤ 설계, 제조 지식 및 경험
⑥ 시험, 검사 기량 및 경험
⑦ 공평성, 공정성, 성실성 및 도덕성
⑧ 정서의 안정성
⑨ 청각, 시각의 건전성
⑩ 건강과 체력

2) 검사원의 자격요건
제3자 검사용역사 검사원 자격요건은 회사 규정에 따라 등록된 업체에 소속되고, 자격이 부여된 검사원으로서 검사파트장(Inspection Manager)이 검사원의 검사경력(최소 3년 이상) 및 해당 Item에 대한 검사경험 여부를 판단, 자격을 부여한다. 제3자 검정기관 및 검사원의 자격은 구매팀장과 검사파트장이 매년 평가하여 그 기록을 유지·관리한다.

3. 검사의 종류

검사의 종류는 실시 시기, 방법 등에 따라 여러 가지로 분류할 수 있다. 본 지침서에서는 당사에서 적용하는 검사 종류를 구분하고, 요구되는 검사방법을 규정한다.

(1) Inspection Level

당사의 Inspection Level은 발주 기자재의 설계 및 제작 특성, 요구되는 품질수준, 기자재의 중요도 등을 고려하여 결정하며 구매사양서에 유첨된 Source Inspection Plan(SIP)에 그 수준을 기록한다. Inspection Level은 'Level A－shop Inspection' 및 'Level B－

receiving Inspection at Site'로 구분한다. Level B는 Site 입고 시의 인수검사인 관계로 여기에서는 Level A에 대하여만 정의한다. Level A는 Level 1~5까지로 분류하며 요구되는 각각의 검사수준은 다음과 같다.

1) Level－1(제작사 자체검사 : Manufacturer's In－house Inspection)
Level－1으로 지정된 Item들은 제작사에서 작성, 제출하여 당사에서 승인한 Inspection & Test Plan 및 Procedure에 따라서 제작사의 검사요원이 검사를 수행한다. 제작사는 자체검사 완료 후 검사성적서를 당사에 제출하여 검토 및 승인을 받아야 한다.

2) Level－2(최종검사 : Final Inspection)
Level－2로 지정된 Item은 제작이 완료된 단계에서 제작사의 자체검사 후, 선적 전 당사에서 최종검사를 실시한다. 최종검사 시 검사원은 제작사의 검사성적서를 검토하여 제품 출하 전 이상 유무를 확인한다.

3) Level－3(중간검사 : In－process Inspection)
Level－3로 지정된 Item은 제작 진행 중 주요 단계에서 당사의 검사원이 사전에 제작사와의 Pre－Inspection Meeting 시 결정된 입회점(Witness Point) 및 필수확인점(Hold Point)에 대하여 검사하는 등급으로, 이 등급에서 실시하는 검사업무는 다음과 같다.
① Pre－Inspection Meeting 실시(필요시)
② 필수확인점(Hold Point)에 대한 검사 실시
③ 입회점(Witness Point)에 대한 검사 실시
④ 최종검사(Final Inspection) 실시

4) Level－4(Periodic Quality Surveillance)
Level－4로 지정된 Item은 제작 진행 중 주요 단계에서 당사의 검사원이 검사를 수행하고, 필요시 주기적으로 제작과정 및 자체 품질관리 System 등의 준수 여부를 Monitoring 하는 등급으로 입회점(Witness Point) 및 필수확인점(Hold Point)은 사전에 제작사와의 Pre－Inspection Meeting 시 결정한다. 또한 주기적으로 제작사의 Shop을 방문하여 제작상황 및 품질관리 System을 Monitoring하기도 한다. 이 등급에서 실시하는 검사업무는 다음과 같다.
① Pre－Inspection Meeting 실시(필요시)
② 필수확인점(Hold Point) 및 입회점(Witness Point)에 대한 검사 실시
③ 주기적인 Monitoring Inspection
④ 최종검사(Final Inspection) 실시

5) Level－5(상주검사 : Resident Inspection)

Level－5로 지정된 Item은 자재 입고 시점부터 제품 출하 시까지 전 과정을 당사의 검사원이 제작사에 상주하여 검사를 수행하는 등급이다. 상주기간 동안 제작사에서는 당사의 상주검사원에게 필요한 시설 및 제반사항을 지원하여야 한다. 이 등급에서 실시하는 검사업무는 다음과 같다.

① Pre－Inspection Meeting 실시
② 상주검사 실시

(2) Pre－Inspection Meeting(PIM)

1) Pre－Inspection Meeting(PIM) 의 목적은 구매사양서에 요구된 품질수준을 제작자가 충분히 이해하고 또한 성실히 이행할 수 있는지의 여부를 사전에 확인하고, 향후 검사진행 과정에서 발생 가능성이 있는 모든 기술적 · 행정적 문제점들을 사전에 협의 · 결정하여 원만한 검사업무가 진행될 수 있도록 하는 데 있다.

2) PIM은 중요 기자재로서 구매사양서에 유첨된 Source Inspection Plan(SIP)의 Inspection Level 3~5까지를 기본으로, 품질수준이 미흡한 제작사로 발주된 경우 주로 실시한다.

3) PIM은 제작자가 제품의 도면, WPS 및 PQR, Inspection & Test Plan/Procedure 등의 Document를 승인용으로 작성, 제출한 후 제작공정이 착수되기 전에 제작사에서 실시하여야 한다.

4) PIM 시 협의 및 확인하여야 할 주요 사항들은 다음과 같다.

① 구매사양서 및 관련 규격 소지 여부 확인
② 구매사양서에서 요구하는 품질수준에 대한 이해 및 숙지 여부 확인
③ 제작사의 품질관리 System 확인
④ 제작사에서 제출한 Inspection & Test Plan 및 Procedure의 검토 결과를 근거로 하여 협의 확인 및 검사 시의 필수확인점(Hold Point), 입회점(Witness Point) 및 검토점(Review Point) 등 확정
⑤ 구매사양서 및 관련 규격에서 요구되는 기법 적용 및 범위 등 확정
⑥ 기술적용 및 적용상 문제점 협의
⑦ Communication Channel 수립
⑧ 검사신청방법 및 사전 통보일자 확인
⑨ 제작사 Shop Survey 및 제작시설 확인
⑩ 기타 사항 협의 및 확인

(3) 검사방법 분류

1) 전수검사(Total Quantity Inspection)

전수검사는 검사대상 Item 전체 수량에 대하여 요구되는 검사를 각각 적용하는 검사방법으로, 주요 기자재 또는 제작특성상 각각의 제품 성능을 확인할 필요성이 있는 Item들을 그 대상으로 한다. 특히 제작사의 품질수준이 미흡하여 제품의 품질에 신뢰성이 없다고 판단되는 경우 대상 Item에 대한 전수검사가 필요하다.

2) Sampling 검사

Bulk류의 Item 또는 표준화된 생산제품들로서 품질수준 정도가 널리 알려져 있고 또한 발주수량이 많을 경우, 대상 Item 중 일부를 발췌하여 검사하는 방법이다. Sampling의 범위는 제품의 중요도, 발주수량, 제작사의 품질수준 정도를 고려하여 결정하며, 발주서에 여러 가지 Type이 있을 경우 각각의 Type에 대해 적절하게 선별한다. Sampling 검사의 합격, 불합격은 다음과 같이 처리한다.

① Sampling 수량 전체가 합격되었을 경우, 발주 Item 전체수량을 합격처리한다.
② 1개 Item이라도 불합격되었을 경우, 발주 Item 전체수량을 불합격처리한다.

3) 서류검사(Document Review)

서류검사는 제작사 자체검사 후 준비한 성적서, 검사 및 시험결과 기록서 등을 구매사양서 및 관련 규격에 따라 검토하는 검사방법으로 통상 표준규격에 의하여 제작되는 제품의 경우 적용한다.

4. 검사업무 절차

(1) 검사업무 Flow Chart

다음의 Flow Chart는 일반적인 검사업무에 대한 전반적인 절차를 도식화한 것으로, 제작사로부터 검사신청서를 접수한 시점부터 검사보고서의 작성, 제출 및 보관 단계까지 당사, 제3자 검사용역사 및 제작사 간의 업무범위를 구분하여 나타내었다.

| 표 1-5 | 검사업무 Flow Chart

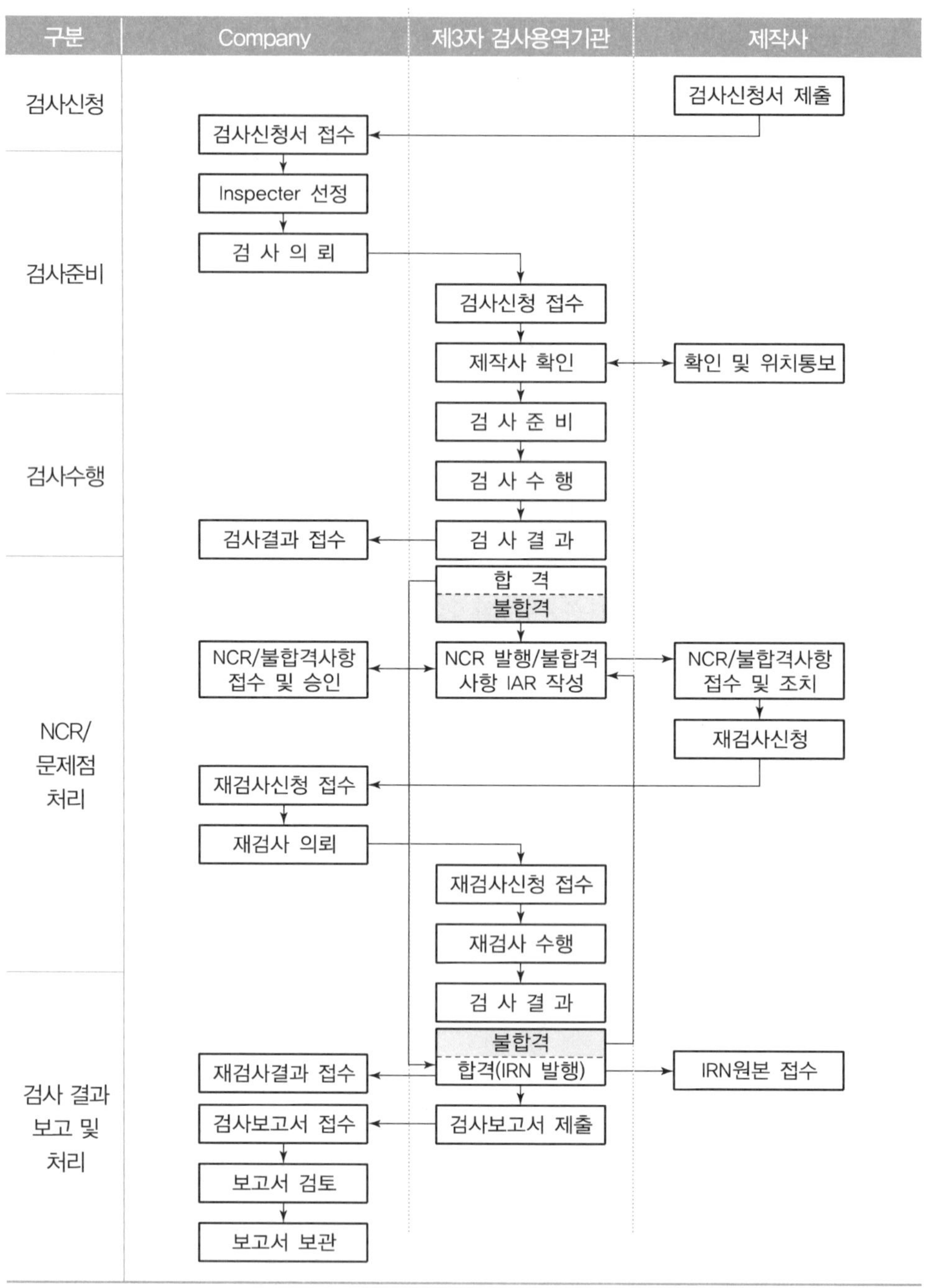

* IAR : Inspection Activity Report

(2) 검사신청, 의뢰 및 준비

1) 검사신청

당사에서 승인한 Inspection & Test Plan에 따라 해당 검사준비가 완료되면 제작사는 검사 일시, 검사항목 등을 구체적으로 기술하여 각 Project별 고객의 요구사항에 적합한 일자에 검사를 신청한다. Project Inspection Coordinator는 당사에 접수된 검사신청서의 검사일정 및 검사진행 가능 여부를 확인 또는 필요시 조정하고, 검사신청에 대해 Inspection Engineer의 승인을 득한 후 제3자 검사용역사의 검사원을 선별, 통보하여 해당일자에 검사가 진행될 수 있도록 조치한다.

2) Inspector 선정

Project Inspection Coordinator는 해당 기자재의 검사에 가장 적정한 인원을 당사 자격 기준에 의하여 인정된 제3자 검사용역사의 검사원들 중에서 선정한다.

3) 검사의뢰

Project Inspection Coordinator는 선정한 검사원의 일정이 검사요청일자에 가능한지의 여부를 확인하고 검사를 의뢰한다. 검사의뢰 시에는 제작사로부터 접수한 검사신청서, 검사 관련 자료 및 유의사항 등을 함께 전달한다. 제3자 검사용역사의 검사원을 선정하는 경우, 상주검사는 최소 5일 전, Visit 검사는 최소 2일 전에 설정된 Communication Channel을 통하여 서면 또는 기타 방법으로 검사를 의뢰한다. 검사장소가 해외인 경우, 상주검사는 최소 2주 전, Visit 검사는 최소 1주 전에 의뢰한다. 당사의 검사의뢰서를 접수한 제3자 검사용역사의 담당자는 즉시 선정된 검사원의 투입 가능 여부를 당사로 통보하여야 한다. 부득이한 경우 선정된 검사원의 변경이 필요하면 검사일정에 지장이 없도록 신속히 통보 및 조치되어야 한다.

4) 검사준비

선정된 검사원은 검사수행 전 제작사의 담당자를 유선상으로 접촉하여 다음의 사항들을 확인 및 준비한다.

① 제품의 검사 준비상태 확인
② 검사 관련 도면, Inspection & Test Plan 및 검사 관련 Document 등의 당사 승인 여부 확인
③ 자체검사 수행 여부 확인
④ 제작사의 위치 파악(필요시 약도 Fax 송부 요청)
⑤ 검사대상 제품에 대한 특성, 문제점, 사양 요구사항 등을 사전에 파악하고 검사 진행방안을 미리 구상

제작사에 확인 결과 검사준비가 되어 있지 않은 경우 즉시 Project Inspection Coordinator에게 통보하여 조치를 받아야 한다.

(3) 검사수행절차

1) 검사업무 수행 시 기본 유의사항

① 검사원은 당사를 대표하는 주인의식을 가지고 적극적인 태도로 성실성, 도덕성, 신뢰성 있는 검사업무를 행하며, 제작사의 담당자들을 가능한 친절하고 성의 있게 대하여야 한다.

② 검사원은 반드시 정해진 검사 일시 및 장소를 준수하여야 한다.

③ 검사는 해당 제품에 필요한 검사항목 및 Check 사항들을 확인할 수 있는 충분한 시간적인 여유를 가지고 행한다.

④ 제3자 검사용역사 검사원의 기본 근무시간은 당사와의 계약조건에 따른다. 만일 기본 근무시간을 초과하여 시간외근무 · 기간연장 · 공휴일근무 등이 필요할 때에는, 추가로 필요한 시간 및 기간을 사전에 당사의 Project Inspection Coordinator에게 보고하여 승인을 받아야 한다.

⑤ 검사완료 후 검사원은 당사의 IAR(Inspection Activities Report) 양식을 사용하여 검사 후 최대 3일 이내에 검사보고서를 작성하여 최대 7일 이내에 원본이 당사 Project팀에 도착할 수 있도록 송부한다. 검사보고서는 Internet site, Fax 또는 우편으로 당사의 Project Inspection Coordinator에게 송부한다.

⑥ 검사 결과 문제점 또는 긴급사항 발생 시는 즉시 유선상으로 Project Inspection Coordinator에게 보고하고, 해당 NCR 또는 IAR 등을 Fax 또는 Internet(회사 System)을 통해 송부하여 조치를 받는다.

2) Shop Visit 검사

① 검사의 준비

- 구매사양서 및 Job Specification, 특히 검사 관련 사항, 문제점, 기타 요구사항들에 관한 부분
- Kick-off Meeting, Pre-Inspection Meeting, Technical Clarification Meeting 등 각종 회의록
- 당사 승인도면(Stamp 및 Revision 확인)
- 당사에서 승인한 제작사의 Inspection & Test Plan/Procedure(Stamp 확인)
- 이전에 수행된 검사결과보고서 또는 검사보고서
- 제작사에서 수행한 자체 검사성적서
- 검사신청서 및 제작사 약도(입수 시)
- 검사 관련 양식(Inspection Result Report, Inspection Activities Report, NCR, Minutes of Meeting, Inspection Release Notice 등)
- 검사원 Stamp 준비
- 기타 검사 관련 도구

② 검사 전 협의사항

- 검사품목, 항목 및 진행순서
- 검사설비
- 검사장소의 환경 및 조건. 만일 표준조건과 검사조건이 상이한 경우 이에 따른 보정 및 취급방법
- 자체 검사성적서 사전검토 등

③ 검사 시 최소 확인사항

- 제품의 상태 및 시험방법의 적정성 판단
- 시험장비 또는 기기의 교정 확인
- 발주수량과 검사대상 제품의 수량을 비교 확인하고 필요시 표식한다.
- 관련 규격에 따라 각각의 검사/시험 결과를 평가한다.(제품에 대한 제조, 설계, 검사 또는 기타 경험을 충분히 반영)
- 제작사 자체검사 결과 및 입회검사 결과를 비교 확인하여, 자체검사에 대한 신뢰성을 파악한다. 만일 신뢰성이 없다고 판단될 경우, 검사의 강도를 적절히 강화시킨다.
- 검사 수행 시 검사원은 기본직무에 충실하여야 하며, 사소한 확인 및 점검사항이라도 이를 직접 확인하여야 한다.

④ 기타 보고사항

- 제작사의 업무수행 조직 및 조직의 효율성
- 제작사의 설계능력
- 제작사의 제작, 시험 및 기타 설비 보유 정도, 용량 및 관리상태
- 제작사의 외주업체/외주품 관리상태
- 부적합제품에 대한 조치 및 관리능력
- 제작사의 품질관리 System 및 수행인력 구성
- 제작사의 업무 Load 및 타 Project 진행상황
- 업무 담당자들의 성실성, 신뢰성, 협력도 및 적극성
- 업체의 분위기, 즉 종업원의 근무만족도, 급여체불상황, 노사분규상황 등 향후 제작 및 검사진행에 영향을 미칠 수 있는 인자

참고 검사 결과는 관련 규격 또는 근거에 따라 명확하게 평가한다. 불합격 판정은 반드시 관련 근거와 대비되어야 하며, 합격, 불합격 여부를 확실히 판단하기 어려울 경우 당사의 Project Inspection Coordinator를 접촉하여 조치를 받아야 한다.

3) 상주검사

주요 Item으로서 지속적으로 제작공정에 대한 관리가 필요하고 단계별로 입회검사가 수시로 이루어질 경우, 검사원을 제작사의 Shop에 상주시켜 공정진행에 지장을 주지 않으면서 최적의 품질을 확보하기 위한 방법으로 상주검사를 실시한다. 상주검사는 Shop Visit 검사요령과 기본적으로 유사하나 일정기간 동안 동일한 제작사에서 연속된 검사업무를 수행하게 되므로 1일 또는 단기간에 검사를 수행하는 Shop Visit 검사와는 상이한 방법으로 접근하여야 한다. Shop Visit 검사요령에 추가하여 상주검사 시 필요한 사항들은 다음과 같다.

① 상주검사 품목의 경우 통상 Pre－Inspection Meeting이 실시되고, 회의 시 검사와 관련한 제반 사항들이 협의, 결정되므로 특별한 사유가 없는 한 상주 담당검사원은 회의에 참석하게 된다. 상주검사원은 Pre－Inspection Meeting 시 Project Inspection Coordinator를 지원하며, 진행과정을 지속적으로 Follow－up하여 원만한 검사가 진행될 수 있도록 사전에 준비한다.

② 상주검사는 대상 제품의 제작 전 과정 동안 관리할 수 있으므로 사소한 문제까지도 Follow－up이 가능하여 제품의 오제작 및 사전 문제점들을 현저히 감소시킬 수 있다. 이는 상주검사원이 책임감과 의무감을 바탕으로 지속적이고 체계적인 제작과정 Monitoring을 할 때 가능하다. 따라서 상주검사원은 상주검사 대상제품의 특성을 고려한 관리계획을 사전에 수립하여 검사업무를 수행하여야 한다.

③ 상주검사는 제품의 품질에 대한 관리뿐만 아니라 납기관리도 중요하다. 따라서 제작이 진행되는 동안 공정관리도 병행하여 제작지연 가능성이 있는 문제점들을 사전에 파악, 관리하고, 필요시 당사의 Project Inspection Coordinator에게 보고하여 문제해결에 대한 조치 또는 지원을 받아야 한다.

④ 상주검사원은 당사의 Project Inspection Coordinator 및 제작사의 관련 부서 담당자들과 원만한 대인관계를 바탕으로 충분한 대화를 하여야 한다. 특히 문제점들은 숨김없는 대화를 통해서 해결될 수 있도록 노력하여야 한다. 그러나 공과 사는 구분하여 객관적인 업무처리가 될 수 있도록 한다.

(4) 검사 결과 보고

1) 검사회의록(Inspection Minutes of Meeting)

검사수행 결과 일부분이라도 제작사의 후속조치가 필요한 경우, 제작사의 관련 담당자들과 검사 결과에 대한 Meeting을 실시하여 회의록을 작성한다. 회의록은 작성완료 후 제작사 담당자들의 서명을 득한다.

2) 부적합보고서(NCR, Non-Conformance Report)

부적합보고서는 기본적으로 제품의 품질 또는 납기에 중대한 영향을 미칠 수 있는 문제점 발생 시 작성한다. 검사원은 부적합보고서의 작성이 필요할 것으로 판단되면 사전에 당사의 Project Inspection Coordinator에게 유선상으로 확인하여 작성 여부에 대한 승인을 받아야 하며(NCR No. 포함), 발행 즉시 Internet Site, E-mail 또는 긴급 시 Fax로 송부한다.

3) 검사완료증명서(IRN, Inspection Release Notice)

검사가 성공리에 완료되어 문제점이 없다고 판단되면 검사원은 검사완료증명서를 발급한다. 검사완료증명서는 구매사양서상의 납품수량이 1개 Item일 경우 최종검사 완료 시점에서 발급하며, 여러 Item일 경우 그중 일부라도 최종검사가 완료된 Item에 대해서는 발급할 수 있다. 검사원은 검사완료증명서 발급 즉시 당사의 Project Inspection Coordinator에게 검사보고서(IAR, Inspection Activities Report)와 함께 Internet Site, E-mail 또는 긴급 시 Fax로 송부하고, 원본은 제작사에 전달한다.

4) 검사보고서(IAR, Inspection Activities Report)

검사원은 검사 완료 후 검사보고서를 작성하여 당사의 Project Inspection Coordinator에게 송부하여야 한다. 작성은 Shop Visit 검사의 경우 매검사 Visit별로 작성하며, 상주검사의 경우 1주 단위로 작성한다. 어떠한 검사종류든지 검사보고서는 각각의 Purchase Order No.별로 작성되어야 한다.

5) 기타 보고서(Other Reports)

상기에서 열거한 기본적인 5가지의 보고서 이외에도 검사원은 Project Inspection Coordinator의 요청에 의하거나 필요한 경우에 보고서를 작성 · 제출한다. 기타 보고서가 작성되어야 하는 경우는 다음과 같다.

① 제작진행 관련 보고서(Expediting Report)
② 상주검사의 경우 주간 단위 검사진행 보고서(Weekly Report)
③ 제작사의 긴급사고 또는 발생상황보고서
④ 노사분규 발생상황보고서 등

6) 보고서 작성 및 제출시기 Summary

보고서 종류	작성시기	보고시기	보고방법	제출부수	비고
검사회의록 (IMOM)	문제점/미비점 발생 시	검사 당일	• Internet Site • E-mail • 긴급 시 Fax 보고	1부	
부적합보고서 (NCR)	부적격 사항 발생 시	검사 당일	• Internet Site • E-mail • 긴급 시 Fax 보고	1부	원본 우편송부
검사완료증명서 (IRN)	검사 종료 후 즉시	검사 당일	• Internet Site • E-mail • 긴급 시 Fax 보고	1부	
검사보고서 (IAR)	검사 종료 후 3일 이내	검사 후 7일 이내	• Internet Site • E-mail • 긴급 시 Fax 보고	1부	
기타 보고서 • Weekly Report • 공정진행보고서 • 문제점보고서 • 노사분규보고 등	상황발생/ 요청 시	발생 당일	E-mail 또는 Fax 보고	1부	

5. 부적합사항 처리 절차

(1) 부적합보고서(Non-Conformance Report)가 작성되어야 할 경우

대상품의 검사 결과 다음과 같은 사항 발생 시에는 부적합보고서를 작성하여야 한다.

- 사용재료가 설계도면, 구매사양서, 관련 규격과 상이한 경우
- 사용재료에 요구되는 주요 시험공정이 누락된 경우
- 제작품의 치수가 도면과 상이하게 제작된 경우
- 제품의 불량부분을 보수 시 품질 또는 안전성에 영향을 미칠 수 있는 경우
- 제품의 불량부분 보수가 납기에 영향을 미칠 수 있는 경우
- 주요 검사 또는 시험을 위한 시험설비가 없거나 준비되지 않아 판정할 수 없는 경우
- 상기에 언급한 사항 외의 중대한 사항 또는 부적합상황 발생 시

부적합보고서를 작성해야 하는 상황이 발생하면, 검사원은 사전에 Project Inspection Coordinator에게 보고하여 작성 여부 확인 및 부적합보고서 번호를 부여받아야 한다.

(2) 부적합보고서 작성 시의 유의사항

1) 대상품의 정보에 대한 정확한 기재

부적합보고서 작성 시에는 보고서 번호, 해당 Item, 부적합 Part, 관련 도면 및 근거서류, 제작사명 및 위치, 검사원 성명 및 소속 등이 정확하게 기재되어야 한다. 특히 부적합 Part 및 관련 근거는 세부적인 부분 또는 관련 항목 번호까지 명기하여야 한다.

2) 부적합 내용의 서술

부적합 내용에 대한 서술은 간결명료한 문장을 사용하여 가능한 한 짧게, 그러나 그 내용이 함축되도록 한다. 필요시 도면의 해당 부분을 비교하여 유첨시키거나 또는 Sketch 하여 제3자가 쉽게 이해할 수 있도록 한다. 부적합 사항은 반드시 그 내용과 관련 근거를 비교하여 명기하도록 한다.

3) Disposition은 당사의 설계 또는 Project Team에서 표시하며, 기본적인 용어의 정의는 다음과 같다.

① Rework

부적합 사항이 제품의 불량문제로 인한 경우로, 불량부분을 재가공, 일부 재제작 후 교체, 재조립 등으로 요구된 사양에 맞도록 조치시키는 것

② Repair

부적합 사항이 제품의 불량문제로 인한 경우로, 제품의 성능과 안전성에 문제가 없도록 불량부분을 보수하여 사용토록 조치시키는 것

③ Reject

부적합제품의 불량부분이 보수로도 원 상태를 회복할 수 없고 제품의 성능 또는 안전성에 영향을 미칠 수 있어 제품을 사용치 못하게 하는 것

④ Use As Is

부적합제품으로 판정되었으나 부적합 내용이 제품의 성능 및 안전성이 사용상 문제점이 없다고 판단되었을 경우 제품을 그대로 사용하게 하는 것

4) 부적합 사항의 확인

부적합보고서가 작성, 보고되어 당사로부터 Disposition이 결정되면 제작사는 결정사항에 따라 조치를 완료하고 당사 검사원의 확인을 받아야 한다. 검사원은 제작사의 조치사항을 확인하고 이상이 없을 경우 기 작성, 보고된 부적합보고서에 재검사 결과를 기록하고 서명 후 당사의 Project Inspection Coordinator에게 송부하여야 한다. 기록된 보고서는 원본이 없을 경우 사본을 사용해도 무방하다.

[5] 공장검사 업무수행지침서

1. 적용범위

본 지침서는 구매팀 내 검사 파트에서 관리하는 모든 플랜트 프로젝트에 투입되는 장치 및 기자재들에 대하여 구매계약서에 따른 품질 요구사항을 제작사의 현장에서 확인하는 절차에 대해 적용한다.

2. 정의/약어

(1) 필수확인점(Hold Point)

1) 지정된 조직 또는 기관의 서면 승인 없이는 공정을 진행시킬 수 없는 검사점
2) 해당 공정 진행 전에 지정된 조직에 통보해야 하며, 지정된 조직에서 입회 또는 서면승인 없이는 해당 공정을 진행시킬 수 없다.

(2) 입회점(Witness Point)

1) 지정된 조직에 의해 입회되도록 지정된 검사점
2) 해당 공정 진행 전에 지정된 조직에 통보해야 하며, 지정된 조직에서 입회하지 않는 경우 해당 공정을 진행시킬 수 있다.

(3) 검토점(Review Point)

1) 검토자에 의해 제시되는 요건에 일치함을 보여주는 문서화된 기록을 확인하는 검사점
2) 검토 증거로 해당 문서를 추적할 수 있는 문서나 기록서에 일자를 명기한 서명이 요구된다.

(4) 검사 및 시험계획서(SIP : Source Inspection Plan)

1) 수행될 주요 작업 공정과 작업의 형태, 단계 또는 권역별 관련 검사 및 시험 사항을 분류한 문서
2) 해당 PO제품에 대한 검사항목별 Vender, Contractor 및 Client의 Inspection Intervention(필수확인점, 입회점, 검토점 등)의 Plan

3. 수행절차

(1) 검사 및 시험계획 수립

1) 각 프로젝트의 선임된 PIC는 프로젝트의 Specification을 검토하고, 구매문서의 검사 요건을 검토하여 요구되는 검사 Level에 따라 국내외 제작사에게 구매 발주된 품목/자재에 대한 검사 및 시험계획을 제시, 이에 따른 제작사의 검사 및 시험계획서(ITP)의 제출을 요청한다. 검사 파트의 Inspection Engineer는 PIC의 상기 업무에 대해 Monitoring 하고 PIC 부재 시 해당 업무를 대행할 수 있다.
2) PIC는 제작사로부터 제출된 "검사 및 시험계획서" 또는 해당 제작사 사용 양식 검사 및 시험항목을 검토하고 각 항목별로 필수확인점, 입회점 또는 검토점을 지정한 후 Inspection Engineer 또는 Inspection Manager의 승인을 받는다.
3) 계약에 명시된 경우 발주처의 SIP 및 제작사의 검사 및 시험계획(ITP)은 승인을 받아야 한다.
4) PIC는 승인된 검사 및 시험계획(ITP)을 해당 제작사, 프로젝트 매니저에게 송부한다.
5) PIC는 제작사에서 검사 및 시험계획을 제출하지 않도록 되어 있는 경우 해당 구매문서의 검사 및 시험요건에 따라 공장검사 일정을 수립하여 해당 제작사에 통보한다.
6) PIC는 제작사가 제품의 도면, WPS 및 PQR, Inspection & Test Plan/Procedure 등의 검사 관련 Document를 승인용으로 작성, 제출(발주처 요구가 있는 경우 승인 포함)한 후 각 기기에 대한 PIM(Pre-Inspection Meeting) 계획을 수립하고 제작사와 프로젝트팀, Inspection Engineer 그리고 고객에게 통보, 협의 후 PIM을 제작공정이 착수되기 전에 제작사에서 실시한다.

   PIM 시 협의 및 확인하여야 할 주요 사항들은 다음과 같다.

   ① 구매사양서 및 관련 규격 소지 여부 확인
   ② 구매사양서에서 요구하는 품질수준에 대한 이해 및 숙지 여부 확인
   ③ 제작사의 품질관리 System 확인
   ④ 제작사에서 제출한 Inspection & Test Plan 및 Procedure의 검토 결과를 근거로 하여 협의 확인 및 검사 시의 필수확인점(Hold Point), 입회점(Witness Point) 및 검토점(Review Point) 등 확정
   ⑤ 구매사양서 및 관련 규격에서 요구되는 기법 적용 및 범위 등 확정
   ⑥ 기술 적용 및 적용상 문제점 협의
   ⑦ Communication Channel 수립
   ⑧ 검사신청방법 및 사전 통보일자 확인
   ⑨ 제작사 Shop Survey 및 제작시설 확인
   ⑩ 기타 사항 협의 및 확인

(2) 검사 실시

1) 검사신청은 기 제출 및 승인된 제작사의 검사 및 시험계획에 따라 제작사에서 각 Project별 고객의 요구사항에 적합한 일자에 회사 System의 "Application for Inspection" 항목을 통하여 검사신청을 실시한다. 단, 긴급 상황 시에는 전화나 Fax 등의 방법으로 신청할 수 있다.
2) 접수된 검사신청은 PIC의 검토 및 승인을 득한 후 해당 일자에 공장검사를 실시한다. 검사 파트 Inspection Engineer는 이를 Monitoring 하고 PIC 부재 시 해당 업무를 대행할 수 있다.
3) PIC는 공장검사를 실시할 Inspector를 회사의 규정에 부합하는 인원으로 선임하고, Inspection Work Notice(IWN)를 작성하여 이를 담당 Inspection Engineer의 승인을 득해야 하며, Inspector는 PIC 및 제작자로부터 검사와 관련된 아래의 사항들을 검사수행 전 확인 및 준비한다.
   ① 제품의 검사 준비상태 확인
   ② 검사 관련 도면, Inspection & Test Plan 및 검사 관련 Document 등의 당사 승인 여부 확인
   ③ 자체검사 수행 여부 확인
   ④ 제작사의 위치 파악. 필요시 약도 Fax 송부 요청
   ⑤ 검사대상 제품에 대한 특성, 문제점, 사양 요구사항 등을 사전에 파악하고 검사 진행방안을 미리 구상

   제작사에 확인 결과 검사준비가 되어 있지 않은 경우 즉시 PIC에게 통보하여 조치를 받아야 한다.
4) PIC는 승인된 검사 및 시험계획서에 고객이 참여하도록 되어 있는 경우 PM을 경유하여 발주처에게 요구된 시간에 통보한다.
5) 고객의 필수확인점인 검사 또는 시험항목에 고객이 불참할 경우 사전에 서면에 의한 동의를 받아야 한다.

(3) 검사 결과의 보고

1) 공장검사를 실시한 Inspector는 공장검사 완료 즉시, 회사 System상의 "Result Status" 항목을 통하여 검사보고서(IAR, Inspection Activity Report)를 관련 서류 파일과 함께 등록하여야 하며, Final 검사가 실시된 경우에는 검사완료증명서(IRN, Inspection Release Notice)를 동시에 발행하여 상기 System상에 등록 · 제출하여야 하고 제작사에는 원본을 배포한다.
2) PIC는 검사보고서(IAR, Inspection Activity Report) 및 검사완료증명서(IRN, Inspection Release Notice)에 대한 검토 및 승인을 실시하며, Inspection Engineer는 이를 회사 System상에서 최종 검토 승인한다.

3) PIC는 공장검사 결과를 Project Procurement Manager 및 프로젝트 매니저에게 통보한다.

4) 공장검사 시 부적합 사항이 발생되면 회사 지침서에 따라 처리되어야 한다.

4. 공장검사 업무흐름도(플랜트)

● : 주관 □ : 통보/보고

항목	제작사	Inspector	PIC 및 Inspection Engineer	구매지원 팀장/검사 파트장	프로젝트 매니저	고객	비고
1. 검사 및 시험계획서 작성	●						* 계약요구 시 검사 및 시험 계획서는 고객의 승인을 받는다. * 구매부서 발주품목/자재에 한해 구매부서로 통보한다.
2. 검사 및 시험계획서 검토			●				
3. 검사 및 시험계획서 승인			●	●		●	
4. 검사 및 시험계획서 송부	□		●		□	□	
5. 공장검사 실시		●				□	
6. 공장검사 결과보고 및 통보	□	●	□	□	□		
7. 검사완료 증명서 발행	□	●	□		□		

[6] 용역검사원 등록 및 자격관리 지침서

1. 적용범위

본 지침서는 플랜트 프로젝트에 있어서 발주된 제품이 구매계약서에 규정된 요구사항과 일치하는지를 확인하기 위해 제작사의 공장에서 제작과정 중 그리고 출고 전에 검사를 수행하는 검사용역사 소속의 공장검사원(Inspector)과 프로젝트에 선임되는 프로젝트 검사 코디네이터(Project Inspection Coordinator)의 등록 및 적격성 관리에 대해 기술한다.

2. 책임

(1) 구매팀장 또는 검사파트장(Inspection Manager)은 공장검사원의 적격성 확보 및 적격성 확보 기록의 유지에 대한 책임이 있다.

(2) Inspection Engineer는 담당 프로젝트에 투입된 검사원(Inspector) 및 프로젝트 검사 코디네이터(Project Inspection Coordinator)의 업무성과, 업무성실도, 문제해결능력 등을 상시 Monitoring하고 검사파트장 및 구매팀장에게 보고할 책임이 있다.

(3) 프로젝트 검사 코디네이터(Project Inspection Coordinator)는 검사원(Inspector)의 업무 성과 및 업무성실도 등을 상시 Monitoring하고, 담당 검사파트 Engineer에게 보고할 책임이 있다.

3. 적격성 확보

(1) 검사업무를 수행할 용역검사원의 경우, 구매팀장 또는 검사파트장은 검사용역업체로부터 해당 용역검사원의 이력서를 제출받아 검사원의 이력서를 검토하고 PIC의 경우 반드시 Interview를 실시하며, 공장검사원(Shop Inspector)의 경우 기타의 방법으로 Interview를 대체할 수 있다.

(2) 구매팀장 또는 검사파트장은 해당 용역검사원이 다음의 최소 요구사항을 만족하는지에 대해 이력서의 검토, Interview 및 기타의 방법으로 확인하고 첨부 3. "Inspection Personnel Qualification Record"를 작성하여 적격성을 확인 및 평가하며 검사파트 담당자는 품질기록 관리절차서에 따라 해당 기록을 팀 문서로서 문서관리를 실시한다.
당사의 검사업무를 수행하는 검사원은 다음의 기본 조건들을 갖추어야 한다.

1) 학력은 최소 고졸 이상
2) 해당 분야 검사 경력이 최소 3년 이상
3) 공학적 기초지식
4) 기술사양의 이해
5) 설계, 제조 지식 및 경험
6) 시험, 검사 기량 및 경험
7) 공평성, 공정성, 성실성 및 도덕성
8) 정서의 안정성
9) 청각 · 시각의 건전성
10) 건강과 체력

(3) 용역검사원에 대한 Qualification 항목은 다음과 같으며 경우에 따라 구매팀장 및 검사파트장(Inspection Manager)의 의견에 따라 추가 또는 삭제될 수 있다.

1) Education(교육상태)
2) Experience(경험도)
3) Certification & Qualification
4) Technical Skill(기술적 스킬)
5) Coordination(협동성)
6) Integrity(성실성)
7) Morality(도덕성)

4. 적격성 유지

(1) 용역검사원 I.D를 부여받고 아래의 조건에 포함되는 용역검사원은 연 2회의 연간 업무평가를 실시하여 연말에 등록 갱신 여부를 판단한다.

1) 모든 프로젝트 검사 코디네이터(Project Inspection Coordinator)

2) 기타 검사파트에서 평가가 필요하다고 판단되는 인원

(2) 업무평가 결과에 따라 Disqualify 대상에 해당되는 용역검사원 또는 PIC는 회사규정에 따라 다시 적격성 확보를 위한 절차를 거쳐야 한다.

(3) 전체 3회 이상, 연속 2회 Disqualify되는 용역검사원은 영구 제명되는 경우에 어떤 검사 업무에도 소속될 수 없다.

(4) 검사용역업체는 용역검사원들의 개인적 소양 및 기술적 역량에 대한 교육을 주기적으로 실시하여 용역검사원들의 적격성이 유지될 수 있도록 노력해야 하며 검사파트장(Inspection Manager) 및 구매팀장은 이를 검사용역업체에 적극 권고한다.

[7] 검사용역사 등록 및 관리 지침서

1. 적용범위

본 절차서는 플랜트 프로젝트 수행에 필요한 공장검사를 대행하는 검사용역사의 등록 및 연간 공장검사 단가계약에 필요한 관리절차를 기술한다.

2. 일반사항

(1) 검사파트장은 검사용역사의 등록평가 기준, Qualification Audit 및 실사보고서 작성 등을 포함한 세부절차를 수립한다.

(2) 검사용역사의 등록유효기간은 계약일로부터 1년이며, 하도급 계약 수행 중 또는 종료 후에 실시되는 계약 수행 평가결과에 따라 갱신할 수 있다.

(3) 검사파트장은 검사용역사 등록 업체 선정 시 대상 업체의 유사 프로젝트 수행에 대한 당사 또는 타사 이력과 프로젝트의 중요도 및 특성 등을 충분히 고려한다.

(4) 검사용역사의 등록을 위한 평가표에는 최소한 다음 사항이 명시되어야 한다.

1) 검사용역사 사업자 등록증
2) 검사용역사 업무수행에 필요한 검사원 수 및 지역사무소 수
3) 검사용역사의 검사실적
4) 검사용역사의 업체 소개서 및 PQ(Process Qualification)

(5) 검사용역사와 연간 단가계약 체결은 구매팀장 및 담당 임원의 결제를 얻는다.

3. 시행절차

(1) 등록 평가

(2) 등록 지원 요청

검사파트장은 정해진 기간에 회사 규정에 따라 등록 후보 용역사들에게 다음 내용이 포함된 등록안내서를 배부하여 등록 지원을 요청한다.

- 단가 견적서(Estimate for Unit Price)
- 인력 현황 및 이력서(Inspector List and Resume)
- 업체 소개서(Pre-qualification Document)

1) 검사파트장은 검사용역사가 제출한 자료를 업체 Audit 결과의 평가기준을 적용하여 합격 여부를 결정한다.
2) 검사파트장은 검사용역사에 대한 추가적 검증이 필요한 경우, 해당 검사용역사에 대한 실사원을 선임하여 추가 검증을 실시할 수 있다.

(3) 검사용역사의 등록

검사파트장은 등록 희망업체가 등록 평가에 합격하여 검사용역사로 등록되었다는 사실을 해당 업체에 통보하고, 등록결과를 검사용역사 등록 List에 기록한다.

(4) 연간 단가계약

1) 검사파트장은 등록 평가에 합격한 검사용역사와 제출된 연간 단가에 대한 Negotiation 및 회의 참석을 요청하여 연간 단가를 조정할 수 있다.
2) 검사파트장은 검사용역사가 등록을 위해 제출한 문서의 내용에 따라 연간 단가계약 품의서를 작성, 사규 전결 규정에 따라 결재권자의 승인을 받는다.
3) 검사파트장은 승인된 연간 단가와 계약 일시를 검사용역사에게 통보한다.
4) 검사파트장은 연간 단가계약서 2부를 준비하여 검사용역사와 연간 단가계약을 체결하고 연간 단가계약서는 각각 1부씩 보관한다.
5) 검사파트장은 체결된 연간 단가계약서를 요청 시 PM 또는 관련 팀장에게 송부한다.

(5) 검사용역사의 관리

1) 구매팀장 또는 검사파트장은 검사용역사의 검사용역업무 이행상태를 모니터링 및 독려해야 하며, 그 결과가 차기 연도 계약 시 반영되도록 한다.
2) 구매팀장 또는 검사파트장은 검사용역사로부터 의뢰된 검사용역업무 관련 불완전, 불명확, 상호 모순되는 사항 및 문제점 등을 조정해주어야 한다.
3) 구매팀장은 검사용역사가 다음과 같은 경우에 해당될 경우 등록을 즉시 취소할 수 있다.
   ① 도산 또는 파산
   ② 검사인력의 변동으로 검사 수행이 부적절한 경우
   ③ 관련 법규의 중대한 미준수
   ④ 중대한 결함 또는 사고가 검사용역사의 귀책사유인 경우

[8] 검사예산 수립지침서

1. 적용범위

본 지침서는 수행하는 모든 플랜트 Project의 기자재 공장검사에 대한 검사예산 수립절차를 기술한다.

2. 용어 정의/약어

(1) M/D(Man/Day)

Vendor/Manufacturer의 공장검사 시 Inspector 투입을 1일/8hours 기준으로 산정

(2) M/M(Man/Month)

Vendor/Manufacturer의 공장검사 시 Inspector 투입을 월 단위로(상주검사 기준) 산정

3. 작성기준

(1) Proposal Team에서 요청 시 작성된 Project 개요, Equipment List, RFQ 또는 MR List 등을 기준으로 적용 Item을 결정한다.

(2) Equipment 또는 Material의 Inspection level은 해당 Project Source Inspection Plan이나 Instruction을 적용하여 결정한다.

(3) 검사지역은 크게 3개 권역으로 국내, 유럽/미주 그리고 아시아 지역으로 나눈다.

(4) 검사예산에는 반드시 Project Inspection Coordinator의 Manpower & Cost가 포함되어야 한다.

(5) PIC 출장비와 3rd Party Inspection Agency 비용은 각 공종별로 구분하여 작성한다.

(6) Document Review Item은 검사예산에 포함시키지 않는다.

(7) 예산 작성은 확정되지 않은 Equipment List, PO List를 참고하여 작성된 것으로 PO 수량 및 발주지역이 확정되면 검사예산의 수정 또는 변경이 반드시 필요하다.

(8) Equipment List 등 예산 산정에 필요한 자료가 없는 경우에는 유사 Project의 Inspection Item을 참고로 작성한다.

(9) 제작사 공장검사는 크게 방문검사와 상주검사로 구분한다.

(10) Critical Item이나 제작공정별 지속적인 품질관리가 요구되는 Equipment 또는 Material은 상주검사로 Level을 조정하여 산정한다.

(11) 상기 (10)항에 해당되나 발주물량 등으로 인해 상주검사가 요구되지 않는 Item은 방문검사로 산정한다.

(12) PIC 출장, VPIM 또는 Monitoring이 요구되는 Item은 예산에 반영한다.

(13) Project Inspection Coordinator의 투입일수는 월 단위로 산정한다.

4. 책임사항

(1) 구매팀장 또는 검사파트장(Inspection Manager)은 전체 프로젝트의 검사 및 기타 사항들을 총괄하며, 각 프로젝트별 검사업무를 주관하고 관리할 Project Inspection Coordinator의 선정 및 승인에 대한 책임이 있다.

(2) Inspection Engineer는 담당 프로젝트의 선임된 Project Inspection Coordinator의 검사 업무에 대한 Monitoring, Inspector의 선정, 프로젝트 검사예산 작성 & 관리, 그리고 각 프로젝트에서 발생되는 문제점과 우수사항들에 대한 취합, 분석 및 보고의 책임이 있다.

5. 시행절차

(1) 상주검사 Manpower 산정

1) 상주검사는 최소 Working Day로 25일을 월 단위로 한다.

2) 제작공정단계별 Check 항목과 주요 공정의 Witness 또는 Holding Point 등을 기준으로 적용하며, 상주일수는 예상 발주물량으로 산정한다.

(2) 공장검사 Manpower 산정

1) 기계 Item의 방문검사일수는 발주수량과 제작공정별 각 단계에서 요구되는 Witness Point 또는 Hold Point 그리고 VPIM 적용 유무를 확인하여 일수로 산정한다.

2) Pump류 중 Pump용 Motor는 별도 공장검사 후 Pump Shop에서 전체 조립 후 Pump Performance Test를 실시하므로 일수 산정 시 Pump와 Motor의 공장검사일수의 합으로 산정한다.

3) 전기 Item 중 Power Transformer, HV & LV SWGR 그리고 MCC는 System 운영상 한 개의 업체로 발주되는 경우에는 각 품목별로 발주수량 대비 전수검사 기준으로 일수를 산정한다.

4) 계장 Item 중 DCS(Distributed Control System) 등의 Package System의 검사일수는 상주검사 기준으로 일수를 산정한다.

5) Supplement Item은 1차 공급물량 대비 수량, 품목 등을 비교하여 1차 검사일수 이내에서 산정한다.

(3) Project Inspection Coordinator(PIC)의 Manpower 산정

1) Project 예상 공사기간과 각 공종별로 필요인원 및 Item의 수량 등을 고려하여 PIC 인원과 기간 등을 결정한다.

2) 각 공종별 PIC는 기계, 배관, 전기/계장으로 구분하고, 투입 시기는 기계, 배관 그리고 전기/계장 순으로 투입하며 일수는 이 투입순서에 맞게 반영하여 산정한다.(전기/계장은 PJT의 수주 규모가 작을 시 통합하며, 구분이 필요할 때는 각각 산정한다.)

(4) 방문 및 상주검사 비용

1) 검사용역사 연간 단가계약에 명시된 계약금액을 참고하여 산정한다.

2) 해외 검사용역사 연간 단가계약에 명시된 계약금액을 참고하여 산정한다.

6. 예산 확정 및 변경

(1) 예산 확정

1) Proposal Project의 검사예산 편성 또는 Information용으로 해당 Project Team의 요청 자료를 근거로 작성된 것으로 작성완료 후 Project Team과 협의하여 최종 예산을 수립한다.

2) 수립된 검사예산은 해당 Project의 Quotation 자료로만 사용할 수 있으며, 유사 Project의 자료로 사용 시에는 담당부서와 협의를 거쳐야 한다.

(2) 예산 변경

상기 (1)항에 따라 Project에 정식 예산으로 결정/확정이 되면, 해당 Project Team에서는 확정된 자료(RFQ, MR 또는 Equipment List 등)를 접수받아 이미 작성된 예산 대비 발주수량, 지역 그리고 추가 Item 등의 변경 유무를 확인하여 최종 수정된 예산을 작성하여 구매팀장의 검토, 승인을 득한 후 관련 부서에 송부한다.

[9] 공장검사 부적합 사항 처리지침서

1. 적용범위

본 지침서는 수행하는 모든 플랜트 Project의 기자재 공장검사 수행 중 발생 또는 발견된 부적합제품의 식별, 문서화, 평가 및 조치절차를 기술한다.

2. 용어 정의/약어

(1) 부적합

요구사항에 불충족

(2) Rework

부적합 사항이 제품의 불량문제로 인한 경우로, 불량부분의 재가공, 일부 재제작 후 교체, 재조립 등을 거쳐 요구된 사양에 맞도록 조치시키는 것

(3) Repair

부적합 사항이 제품의 불량문제로 인한 경우로, 제품의 성능과 안전성에 문제가 없도록 불량부분을 보수하여 사용토록 조치시키는 것

(4) Reject

부적합제품의 불량부분이 보수로도 원상태를 회복할 수 없고 제품의 성능 또는 안전성에 영향을 미칠 수 있어 제품을 사용치 못하게 하는 것

(5) Use As Is

부적합제품으로 판정되었으나 부적합 내용이 (제품의 성능 및 안전성에서) 사용상 문제점이 없다고 판단되었을 경우 제품을 그대로 사용하게 하는 것

3. 일반사항

(1) 검사원(Inspector)은 부적합제품 발견 시 관련 조직에 통보하여야 한다.

(2) NCR은 품질에 영향을 미치며, 발생한 문제점에 대해 기술적인 평가, 조사 또는 분석을 요구하는 부적합 발생 시에 작성한다.

참고 부적합보고서(Non-Conformance Report)가 작성되어야 할 경우

- 사용재료가 설계도면, 구매사양서, 관련 규격과 상이한 경우
- 사용재료에 요구되는 주요 시험공정이 누락된 경우
- 제작품의 치수가 도면과 상이하게 제작된 경우
- 제품의 불량부분을 보수 시 품질 또는 안전성에 영향을 미칠 수 있는 경우
- 제품의 불량부분 보수가 납기에 영향을 미칠 수 있는 경우
- 주요 검사 또는 시험을 위한 시험설비가 없거나 준비되지 않아 판정할 수 없는 경우
- 상기에 언급한 사항 외의 중대한 사항 또는 부적합상황 발생 시

단, 단순한 재작업으로 조치 가능한 부적합제품 또는 별도 기술검토가 필요하지 않은 부적합제품에 대해서는 작업지시서 또는 모니터링 일지 등을 통해 발행할 수 있으며 조치 여부를 반드시 확인해야 한다.

(3) 공장검사 수행 중 또는 납품업체의 현장에서 발견된 제품의 부적합 내용은 구매팀장/검사파트장(Inspection Manager)에게 통보되어야 하며, Use-as-is 또는 Repair로 조치하는 경우에도 사전에 Project Inspection Coordinator 및 Inspection Engineer에게 통보 및 승인을 받아야 한다.

4. 시행절차

(1) 식별 및 문서화

1) 검사원(Inspector)은 검사/시험 또는 모니터링 업무 수행 중에 부적합제품을 발견하면 부적합 내용을 기록한 "보류 태그/스티커" 또는 기타 표기의 방법으로 부적합제품의 확인 가능한 위치에 식별하여 후속 공정이 진행되지 않도록 한다.

2) 부적합보고서를 작성해야 하는 상황이 발생하면, 검사원은 사전에 Project Inspection Coordinator에게 보고하여 NCR 작성 여부를 확인하고 NCR을 작성하는 경우 NCR을 작성하여 PIC에게 통보하고 PIC는 이를 검토 후 적정한 경우 부적합보고서에 번호를 부여하고 발행을 승인하며, 이를 Inspection Engineer에게 보고해야 한다.

3) 검사원이 아닌 직원(제작사 포함)이 부적합제품을 발견하면 신속히 검사원에게 통보하여 NCR을 작성할 수 있도록 한다.

4) 부적합보고서의 작성
검사원(Inspector)은 아래 사항에 유의하여 NCR을 작성하여야 한다.
① 대상품의 정보에 대한 정확한 기재
부적합보고서 작성 시에는 보고서 번호, 해당 Item, 부적합 Part, 관련 도면 및 근거서류, 제작사명 및 위치, 검사원 성명 및 소속 등이 정확하게 기재되어야 한다. 특히 부적합 Part 및 관련 근거는 세부적인 부분 또는 관련 항목 번호까지 명기하여야 한다.
② 부적합 내용의 서술
부적합 내용에 대한 서술은 간결명료한 문장을 사용하여 가능한 한 짧게, 그러나 그 내용이 함축되도록 한다. 필요시 도면의 해당 부분을 비교하여 첨부시키거나 또는 Sketch하여 제3자가 쉽게 이해할 수 있도록 한다. 부적합 사항은 반드시 그 내용과 관련 근거를 비교하여 명기하도록 한다.

(2) 격리

1) 제작사의 품질 담당자는 당사 검사원으로부터 NCR을 접수하면 해당 부적합을 조치할 때까지 후속 공정 진행 또는 사용을 방지하기 위해 필요한 경우 해당 부적합제품을 격리할 수 있다.

2) 물리적인 조건, 즉 크기, 중량 또는 접근장애 등의 원인으로 격리가 불가능하거나 부적절한 경우에는 Marking, 로프 설치, 테이프 또는 태그 부착 등에 대하여 육안에 의해 부적합제품을 구별할 수 있도록 해야 한다.

3) 필요하다면 조치방안을 승인할 때까지 부적합제품을 보관할 수 있는 장소를 별도로 지정하여야 한다.

(3) 부적합 사항의 보고

1) 검사원은 공장검사 시 부적합 사항을 발견하면 즉시 Project Inspection Coordinator 또는 Inspection Engineer에게 유선, E-mail 또는 Fax 등으로 즉시 통보하고 NCR의 발행 여부를 확인한다.

2) 검사원은 해당 제품의 부적합 사항이 포함된 IAR(Inspection Activity Report)을 회사 System을 통해 작성, 제출하고 Project Inspection Coordinator 및 Inspection Engineer의 승인을 받는다.

3) 검사원은 제작사로부터 부적합 사항에 대한 조치방안을 수령하고 상기 (1)항에 따라 회사 System을 통해 NCR을 작성 및 등록하고 제작사에 NCR을 배포한다.

4) Inspection Engineer는 부적합 사항을 구매팀장 및 검사파트장(Inspection Manager) 그리고 프로젝트 매니저에게 서면 또는 기타 방법으로 보고한다.

(4) 조치사항의 검토 및 결정

1) Project Inspection Coordinator는 제작사로부터 수립되고 제출된 조치방안을 검사원 또는 제작사로부터 접수하여 프로젝트 매니저 및 Inspection Engineer에게 보고한다.

2) 프로젝트 매니저는 제작사에서 제시하는 조치방안(Disposition)을 검토하고 필요시 해당 설계 관련 팀장 또는 Engineer와 협의, 평가 후 조치방안의 승인 또는 다른 조치 방안을 요구한다.

3) 부적합의 조치방안 수립 시에는 조치비용, 관련 공정에 미치는 영향 및 전체 공정계획 변경 여부 등을 검토 및 평가하여야 한다.

(5) 조치방안의 이행 및 종결

1) 검사원은 부적합 사항의 조치방안이 Project Inspection Coordinator 및 Inspection Engineer 그리고 필요시 관련 설계팀장/Engineer로부터 승인을 받을 경우에만 후속 작업을 진행시킬 수 있다.

2) 검사원은 승인된 조치방안에 따라 제작사에서 적절한 조치가 이루어지는지 Monitoring을 실시하고 부적합제품을 관련 절차와 최초 합격기준에 따라 재검사 또는 재시험한다. 단, 조치방안에 별도의 합격기준을 수립한 경우 이에 따른다.

3) 검사원은 제작사의 조치사항을 확인하고 이상이 없을 경우 기 작성, 보고된 부적합보고서에 재시험/재검사 결과를 기록하고 당사의 Project Inspection Coordinator 및 Inspection Engineer에게 보고한다.

4) Project Inspection Coordinator는 부적합 사항의 조치가 완료되면 각 프로젝트별로 NCR Log를 관리해야 하며 진행 상황 및 결과를 프로젝트 매니저에게 보고한다.

5) Inspection Engineer는 발생된 부적합 사항에 대해 문제 해결을 위한 Trouble shooting을 실시할 수 있으며 또는 각 NCR에 대한 조치 결과들을 취합하고 분석하여 "Lesson & Learn" 사례로 활용하고 동일한 문제의 재발을 사전에 예방하는 활동을 실시해야 한다.

5. 공장검사 부적합 처리업무 흐름도

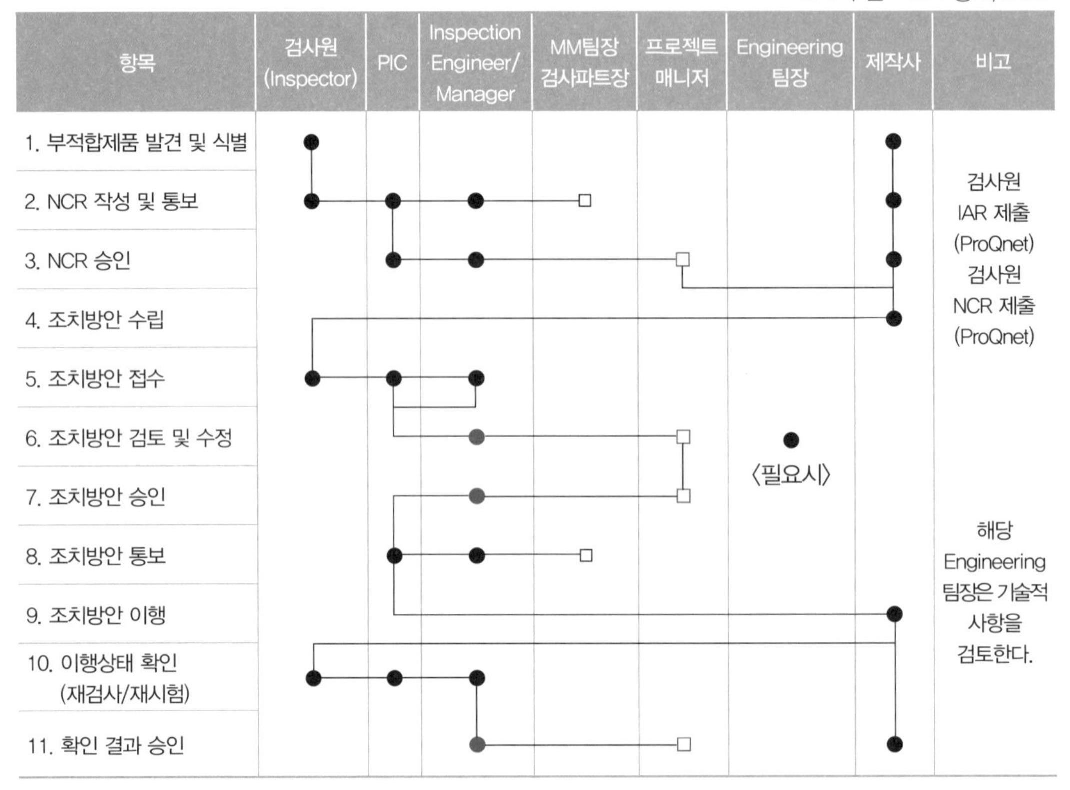

[10] SIP 작성 지침서

1. 적용범위

본 지침서는 수행하는 모든 플랜트 Project의 기자재 공장검사에 대한 Source Inspection Plan 수립의 절차를 기술한다.

2. 용어 정의/약어

(1) Hold Point(H)

Hold Point는 Next Working Step이 진행되기 전에 SKEC 의 Witness Inspection이 요구되며 구매자의 Accept 후 다음 공정으로의 진행이 가능한 필수확인점

(2) Witness Point(W)

Witness Point는 구매자의 Witness Inspection을 요구한다. 적절한 Notification은 구매자에게 제공된다. 비록 구매자 Inspector가 명시된 일자에 Witness Inspection이 가능하지 않을지라도 Vendor는 Next Working Step을 Hold하도록 강요되지 않는다.

(3) Spot Witness Point(SW)

Spot Witness Point는 구매자 결정에 따라 해당 Equipment 또는 Material의 Witness Inspection의 횟수를 결정하는 확인점

(4) Review Point(R)

Review Point는 Vendor가 작성하여 제출하는 Inspection과 Test 관련 Record/Certificate 등을 구매자가 검토하는 확인점

(5) Manufacturing Inspection(M)

구매자 요구 Specification과 관련된 Documents의 Conformance를 보증하기 위해서 필요한 Inspection과 Test를 Vendor/Manufacturer 주관으로 실시하는 행위

3. Inspection Level

(1) Level－0 Vendor's Independent Inspection Only

Equipment 또는 Material의 Quality와 Performance의 확인을 위해서 Vendor/Manufacturer가 주관하여 shop에서 제작사 품질부서에서 실시하여 작성된 Test Records/Certificate를 구매자에게 제출하여 검토 승인을 받는 검사 등급

(2) Level－1 Final Inspection Only

Equipment 또는 Material 제작사의 Inspection 및 Test 후 Shipment/Packing 전 구매자에 의해서 입회검사가 실시되는 검사 등급

(3) Level－2 Limited(Intermittent Inspection)

Equipment 또는 Material은 제작하는 동안 적어도 다음 Activities에 의해 입회검사가 실시되고, Pre－Inspection Meeting은 Quality Level과 미리 결정된 Inspection Point를 확인하기 위해서 Vendor의 제작 Shop에서 실시한다.

1) Pre－Inspection Meeting(Optional)
2) Hold Point Inspection
3) Witness Point Inspection
4) Final Inspection

(4) Level－3 Periodic Quality Surveillance

Equipment 또는 Material이 제작하는 동안 적어도 다음 Activities에 의해서 입회검사가 실시되고, 이 Inspection Level에서 Pre－Inspection Meeting은 Vendor 제작 Shop에서 개최되고 주기적인 Quality Surveillance는 Quality 보호를 위해서 이뤄진다.

1) Pre－Inspection Meeting
2) Hold and Witness Point Inspection
3) Monitoring Inspection
4) Final Inspection

(5) Level－4 Resident Quality Surveillance

Equipment 또는 Material은 Raw Material 입고 후부터 Final Inspection과 Shipment Release의 발행까지 Vendor 제작 Shop에서 Purchaser Resident Inspector에 의해 Inspection 되며, Vendor는 구매지 Resident Inspector를 충분히 Support하고 모든 필요한 Facilities를 제공한다.

4. 시행절차

(1) Inspection Level 및 Grade 결정

1) 발주처와의 계약서에 각 Equipment 및 Material들에 대한 Inspection Level과 Grade가 명시되어 있는 Project는 특이사항이 존재하지 않는 한 그에 따라 Inspection Level 및 Grade를 결정한다.

2) 계약서에 명기되지 않는 경우는 구매된 Equipment 및 Material에 적용된 Design과 Fabrication의 난이도 및 제품의 특징 그리고 제작사의 제작능력에 따라 구매지가 결정하고 필요시 발주처의 승인을 득한다.

(2) Inspection Item 결정

계약서에 표기된 Inspection 사항인 Job Specification 및 Special Inspection Requirement와 관련 Code, Standard 그리고 담당 Engineer가 작성한 Material Requisition 등을 반영하여 Inspection 품목(Item)을 결정한다.

(3) Witness Point 결정

Inspection Level에 준하여 주요 Inspection Item은 Witness Point로 결정한다.

(4) Witness Percentage 결정

Bulk Material의 경우 Inspection의 중요성을 감안하여 Witness Percentage를 결정한다.

(5) Hold Point 결정

Inspection Level에 준하고 제품의 품질에 큰 영향을 미치는 중요한 Inspection 항목은 Hold Point로 결정한다.

(6) 담당 Engineer Review

Source Inspection Plan이 작성되면 담당 Engineer의 Review를 받도록 하여 관련 Specification 및 국제 코드 및 규격이 제대로 반영되었는지 확인받도록 한다.

(7) Review Point 결정

제품의 제작 및 품질에 영향이 적거나 해당 Item의 Inspection Level이 낮은 경우 그리고 전체 공정에 있어서 중요한 입회검사사항이 아니라고 판단되는 검사사항에 대해서는 Review Point로 결정한다.

[11] PIC 업무 수행지침서

1. 적용범위

본 절차서는 플랜트 프로젝트에 있어서 구매검사에 규정된 요구사항에 따라서 구매팀 검사파트 및 검사용역사 소속의 Project Inspection Coordinator(PIC)의 업무수행 및 프로젝트팀과 Vendor와 검사업무 Coordination 업무에 대하여 기술한다.

2. 업무 프로세스

(1) 교육 Program

1) 승인된 PIC는 아래의 교육 Program을 받아야 한다.
   ① 구매팀 조직의 이해
   ② 검사파트 조직/업무의 이해
   ③ M/M팀 검사파트와 Project 간 업무수행 절차
   ④ 회사 System 교육
   ⑤ 담당 Project 조직도 및 업무 수행절차
   ⑥ PIC 업무 수행절차

2) 승인된 PIC는 반드시 상기 M/M팀의 교육을 이수하여야 각 담당 Project로 파견 근무를 수행할 수 있다.

3) 상기 교육 Program의 강사는 M/M팀 검사파트에서 주관하며 기 업무수행 중인 PIC도 강사가 될 수 있다.

4) 상기 교육 외에 주기적으로 월 단위 PIC Meeting을 M/M팀 검사파트에서 시행 주관하며 PIC는 월간 미팅에 참석하여 Project 진행현황을 보고한다.

5) 구매팀 검사파트의 각 Project 담당 Inspection Engineer는 수시로 PIC와 교육/Meeting Program을 진행할 수 있으며 이에 PIC는 적극 협조하여야 한다.

(2) 검사업무 준비단계

1) PIC는 각 Project에 소속되어 검사업무를 총괄하며 담당 PPM(Project Procurement Manager) 및 Project 간 유기적으로 협력하며 업무에 대하여 주기적으로 검사파트에 보고한다.

2) 임명된 PIC는 국내외 구매 자재에 대한 Project SIP(Source Inspection Plan) 검토와 검사계획, 검사준비, 검사 관련 업무를 조정하고 Job Specification, Inspection Specification, 관련 Code를 검토/요약하여 구매팀 검사파트에 보고한다.

3) 각 Project의 PIC로 1명 이상이 임명될 시 Inspection Engineer는 Lead PIC를 선임하여 각 Project의 PIC 업무를 총괄하여 수행토록 한다.(Lead PIC는 구매팀 검사파트에서 선임한다.)

4) 검사 Part의 Inspection Engineer 및 각 프로젝트의 선임된 PIC는 프로젝트의 Specification을 검토하고, 구매문서의 검사요건을 검토하여 요구되는 검사 Level에 따라 국내외 제작사에게 구매 발주된 품목/자재에 대한 검사 및 시험계획을 제시, 이에 따른 제작사의 검사 및 시험계획서(ITP)를 요청한다.

5) 각 Project의 PIC는 Vendor 품질사항을 철저히 확인하고 검사업무가 원활히 수행되도록 조정하고 이를 수행한다.

6) 각 Project의 PIC는 Project 요구사항 발취 및 적용, 사업주의 검사요구사항에(정부 관청검사 포함) 대하여 확인하고 이를 수행한다.

7) 각 Project의 PIC는 검사 수행 전에 Inspection Plan을 작성하여 상주감독관/Visit 감독관을 선임하여 Inspection Engineer에게 보고한다.

8) 각 Project 담당 PIC는 회사 System 사용을 숙지하고 검사 관련 정보를 초기에 Setting하고 이를 운영한다.

(3) 검사 서류 검토 단계

1) 검사 관련 Project 요구사항을 발취 및 적용하고 고객의 요구사양을 확인하여 이를 각 관련 부서에 배포한다.

2) PIC는 제작사로부터 제출된 "검사 및 시험계획서(ITP ; Inspection & Test Plan)" 또는 해당 제작사 사용 양식의 검사 및 시험항목을 검토하고 각 항목별로 필수확인점, 입회점 또는 검토점을 지정한 후 Inspection Engineer 또는 Inspection Manager의 승인을 받는다.

3) 계약에 명시된 경우 Purchaser의 SIP 및 제작사의 검사 및 시험계획(ITP)은 고객의 승인을 받아야 한다.

4) 구매사양서상의 검사조건 및 요구사항 반영 여부를 확인한다.

5) PIC는 승인된 검사 및 시험계획(ITP)을 해당 제작사, 프로젝트 매니저에게 송부한다.

6) PIC는 제작사에서 검사 및 시험계획을 제출하지 않도록 되어 있는 경우 해당 구매문서의 검사 및 시험요건에 따라 공장검사 일정을 수립하여 해당 제작사에 통보한다.

7) 검사 관련 문서 또는 Vendor Print는 제작사에서 작성하여 승인을 위해 제출하는 각 기자재에 대한 검사 및 시험 계획과 그에 관련된 절차를 기술한 문서로 그 종류는 아래와 같으며 이에 국한되는 것은 아니다.(첨부 2. Vendor Print Review Process 참조)

① ITP : Inspection & Test Plan/Procedure
② NDE Procedure(Non−Destructive Examination Procedure) : 비파괴검사절차서
③ Hardness Test Procedure : 경도시험절차서
④ PMI(Positive Material Identification) Procedure : 자재판별시험절차서
⑤ Hydrostatic/Pressure Test Procedure : 수압 및 압력 시험절차서
⑥ Mechanical Running Test Procedure : 기계적 작동 시험절차서
⑦ Performance Test Procedure : 수행시험절차서
⑧ Impact Test Procedure : 충격시험절차서
⑨ Packing Procedure : 포장절차서

8) 검사에 필요한 최신판 서류를 입수 관리하며 관계자에게 배포한다.

(4) PIM 단계

1) PIM은 각 프로젝트별로 발주처가 정하는 각 기자재별 Inspection Level에 따라 실시 여부가 결정되며 그 외 기자재 제작상의 어려움 및 제작사의 기자재 제작능력과 경험에 따라 구매자가 PIM 실시 대상을 추가로 선정할 수 있다.

2) PIM은 제작사가 기자재의 도면, WPS & PQR, Inspection & Test Plan 등 검사 관련 문서를 승인용으로 작성 · 제출하고 제작공정이 착수되기 전에 제작사의 Shop에서 주로 실시한다.

3) PIM 시에는 당사의 구매, 검사 관련 회사 System에 대한 제작사 직원의 교육 또는 설명이 포함되어야 한다.

4) PIM의 시행절차는 규정된 PIM(Pre−Inspection Meeting) 수행지침서에 따라 실시되어야 하며, 그 Agenda는 각 프로젝트의 요구사항에 따라 추가 또는 삭제될 수 있다.

5) PIC는 PIM 실시 후 그 결과를 발주처, 사업부, 검사파트에 보고한다.

6) PIC는 제작사가 제품의 도면, WPS 및 PQR, Inspection & Test Plan/Procedure 등의 Document를 승인용으로 작성, 제출한 후 각 기기에 대한 PIM(Pre−Inspection Meeting) 계획을 수립하고 제작사와 프로젝트팀, Inspection Engineer, 그리고 고객에게 통보하고 각각의 동의에 따라 PIM을 제작공정이 착수되기 전에 제작사에서 실시한다.

(5) 검사 수행 단계

1) PIC는 승인된 검사관의 Shop Inspection 실시 전 검사 관련 사항을 명확하게 지시한다.

2) PIC는 제작사로부터 검사신청을 검사신청일 기준 1주일 전(국내), 또는 2주일 전(해외)에 접수한다. 단, 발주처의 요구에 따라 변경될 수 있다.

3) Vendor로부터 접수받은 검사신청서는 검토 후 승인하고 해당 검사에 적합한 검사원을 이력서 및 전문 분야 등을 반영, 검토 후 검사를 Arrange하며 아래 서류를 검사신청서에 반드시 첨부하여 검사일 3일 전까지 해당 서류를 송부하며 임명된 검사관은 반드시 검사파트에 승인을 받는다.

① 승인된 도면

② 승인된 ITP

③ 검사 관련 Procedure/Job Specification

④ 기타 검사 수행에 필요한 서류

4) Engineer 도서 승인 확인은 회사 내(Document Control System) Process의 Latest Version을 검사관에게 송부하여 검사를 실시토록 한다.

5) PIC는 검사파트로부터 승인된 검사관의 Inspection Activities를 Monitoring하고 주기적으로 Inspection Report를 송부받아 검토 후 승인한다.

6) PIC는 주기적으로 Weekly Inspection Report와 Monthly Inspection Report를 Project Team/검사파트로 제출한다.

7) PIC는 사업부, 설계, 현장, Inspector, Inspection Agency 및 Vendor와 검사 관련 Coordination을 수행하며 주기적으로 검사파트에 보고한다.

(6) 검사 수행 보고 단계

1) Inspection 관련 Report는 상주검사는 일일보고서와 주간보고서(매주 금요일)를 받으며 Visit Inspection은 검사완료 후 24시간(국내)/48시간(해외) 이내에 회사 System에 등록하도록 유도하고 관련 자료는 검사 결과에 대하여 취합 및 관련 부서에 보고한다.

2) 접수된 Inspection 관련 Report는 각 담당 PIC가 Review 승인 관리하며 기록을 유지한다.

3) Project Manager 또는 구매팀장 및 검사파트장에게 주요 검사현황 및 검사 중 발견한 문제점을 수시로 보고한다.

(7) NCR 발행 및 보고 단계

1) 검사 중 발생한 NCR은 즉시 접수하여 관련자에게 배포하고 담당 Vender 측으로 Disposition을 받아 담당 Engineer에게 승인받고 검사관에게 송부하여 Verification 하도록 한다.

2) NCR 발생 건은 동일 검사관이 시행토록 유도한다.

3) PIC는 발생된 NCR에 대하여 Inspection Engineer에 보고하고 기록을 유지한다.

4) Shop NCR, Site NCR 발생 시 이에 대한 분석/Back Data를 구매팀 검사파트에 보고하고, 그 결과에 대하여 관련 부서, Owner, Vendor와 Coordination한다.

5) 발생된 NCR에 대하여 검사파트는 Trouble Shooting 실시 여부를 결정하여 시행토록 한다.

(8) Project 종료 단계

1) PIC는 검사가 완료되면 해당 PO 기준으로 Final Manufacturer Data Book/IRN을 정리하여 기록을 보관 유지하며 현장에서 요청 시 즉시 송부한다.

2) PIC는 검사 지출비용 실행관리/검사 실적 관리를 검사파트에 매월 보고하며 기록을 유지한다.

(9) PIC는 Project 종결 후 1개월 이내에 종결보고서를 작성하여 Project Team/검사파트에 보고한다.

3. Work Scope between PIC & 발주회사

◎ : 검토 및 승인 ● : 수행

Description	PIC	발주회사
Project Coordinator Assign		◎
PIC 업무 수행 교육 및 회사 System 수행 교육		◎
표준 SIP 작성 및 검토		◎
국내외 구매 자재에 대한 Project SIP 작성, 검사계획, 검사준비 및 검사 관련하여 필요한 모든 업무를 조정	●	◎
Project Inspection Program 작성 및 집행(예산설정, 검사기간 및 기자재 Inspection Level 설정, M/P 및 검사 운영방안 수립 등)	●	◎
사업부, 설계, 현장, Inspection Agency 및 Vendor와 검사 관련 Coordination	●	
Vendor 품질 요구사항을 철저히 확인하고 검사업무가 원활히 수행되도록 조정	●	
Vendor Shop 및 Inspector에 대한 Surveillance 실시 및 결과 보고	●	◎
Job Specification 검토 및 Inspection Specification 작성	●	
Project 요구사항의 발취 및 적용, Vendor 및 사업주의 검사 요구사양에 대한 확인	●	
검사 관련 Vendor Print의 Review(ITP 등)	●	
Weekly Inspection Report 제출	●	
검사대상 기자재 및 검사 정도에 따른 입회 Point 결정	●	
검사사양의 구입조건 반영 여부 확인	●	
검사신청서 접수 및 검토	●	
Inspector 선정	●	◎
PIM Agenda 작성 및 PIM 주관	●	◎
Inspection Schedule 및 Inspection Status Report 제출	●	◎

분기별/연간 Inspection Status 종합보고서	●	◎
검사에 필요한 최신판 서류의 입수 및 관계자에게 배포	●	
검사관에 대한 하자방지교육 실시		●
현장 하자처리 관련 Follow-up	●	●
Project 관련 검사사항 Inspector 교육	●	
Inspection Agency 및 Inspector의 선정 및 집행 결과의 Evaluation		●
검사 결과에 대하여 취합 및 관련 부서에 결과 보고	●	
부적합 사항의 파악 및 처리 결과의 확인	●	◎
Project별 검사보고서 검토 및 관리	●	◎
Project Manager 또는 구매지원 팀장 및 검사파트장에게 주요 검사현황 및 검사 중 발견된 문제점 보고	●	◎
NCR, Site NCR 등에 대한 분석 및 그 결과에 대하여 관련 부서 및 Vendor와 Coordination	●	◎
IRN(Inspection Release Notice) 관리	●	
검사 결과의 입력 및 Update(검사 관련 System에 Data화)	●	◎
필요시 Inspection Engineer 및 Inspector의 자격으로 검사업무 수행	●	
검사비용 실행 관리	●	◎
검사실적 관리	●	
Final Data Book(QA Dossier 포함) 관리	●	
Project 종결보고서	●	◎
Patrol Inspection 수행(필요시)	●	●

[12] Pre-Inspection Meeting 수행 지침서

1. 목적

본 지침서는 플랜트 프로젝트 수행 시 기자재의 구매사양서에 요구되는 품질 수준을 제작사가 충분이 이해 및 숙지하고 또한 성실히 이행할 수 있는지의 여부를 사전에 확인하고, 향후 검사 진행 과정에서 발생 가능성이 있는 모든 기술적 · 행정적 문제점들을 사전에 협의 · 결정하여 원만한 프로젝트 검사업무가 진행될 수 있도록 하기 위한 Meeting의 수행에 대한 지침을 기술하는 데 그 목적이 있다.

2. 시행절차

(1) Introduction & Objectives

PIM의 목적에 대하여 간략하게 언급하고 제작사와 구매지 참석인원에 대한 소개를 실시하며 회의진행방식 및 Agenda에 대한 설명을 실시한다.

(2) Coordination & Communication Channel

해당 프로젝트에 관련된 구매지 그리고 제작사의 검사업무 관련 핵심 Contact Person 들의 이름과 직책, 전화 및 Fax 번호 그리고 E-mail 주소 등을 정확하게 교환하고 MOM에 명시하여 향후 프로젝트 진행이 원할하게 이루어질 수 있도록 Communication Channel을 수립한다.

(3) Ordered Item List

제작사와 구매자는 구매자에서 Issue한 Purchase Order상의 구매 요구 Item에 대한 PO No. 및 Item No. 수량 등, 제작사의 세부작업 및 공급범위(Work & Supply Scope) 등을 Purchase Order 내에 포함된 Material Requisition을 참고하여 상호 간에 확인한다.

(4) Vendor's Inspection Organization for the Project

해당 프로젝트에 Involve된 제작사의 품질 및 검사 관련 인원들이 표현된 조직도를 제작사로부터 제공받아 인원계획 및 내부 관리 Network, 연락처 그리고 해당 인원들의 품질관리 및 검사경력과 업무능력 등을 확인한다. 또한 이를 MOM상에 첨부한다.

(5) Vendor's Quality Assurance/Quality Control Manual & Certificates

1) 제작사의 품질관리조직 및 품질관리 System에 대해 검토한다.

2) 제작사의 최신 Revision 품질 경영 Manual(QA/QC Manual)을 ISO 9001에 기초하여 간략하게 검토하고 작성자와 책임자의 사인(Signature)이 포함된 표지를 Copy하여 MOM에 첨부한다.

3) 제작사가 구매사양서 및 관련 규격 소지 여부를 확인하고 보유하고 있는 국제공인인증서(Certificate)를 제공받아 인증범위 및 유효기간 등을 검토 확인하고 MOM에 첨부한다.

(6) Vendor Print Status

1) 제작사에서 제출한 Vendor Print List(또는 Index)가 구매사양서상에 제출 요구된 문서 List를 만족하는지 검토한다.

2) 제작사로부터 제출된 검사 관련 문서들의 현재 제출 및 승인 Status를 제작사에서 제공하는 Vendor Print Index & Schedule과 구매자의 Vendor Document Status Report(VDSR)를 비교 검토하고 제출되지 않은 문서들의 제출을 제작사에 권고하며, 차후 문서들의 제출 및 승인 일정 등을 정리하고 확인한다.

3) 문서의 작성 및 제출에 있어서 제작사의 애로사항 및 의문점 등이 없는지 확인하고 이를 조치한다.

(7) Sub-vendor List & Sub-order Status

1) 제작사의 최신 승인 Sub-vendor List를 검토 확인한다.

2) 해당 프로젝트를 위해 제작사에서 발주한 Sub-order Status를 검토 확인하고 기자재 제작상에 문제가 없는지를 확인한다.

3) 프로젝트에 사용될 자재 중에 제작사가 보유한 재고 자재(Stock Material)가 사용되는지 확인한다. 만약 재고 자재(Stock Material)가 사용된다면 해당 재고 자재의 Material Test Report(Mill Certificate)를 제작사로부터 제공받아 승인된 도면 및 구매사양서 요구사항과 일치하는지 검토 확인한다.

(8) Application Code/Standard and Job Specifications

1) 구매사양서 및 관련 규격에서 요구되는 기법 적용 및 범위 등을 확정한다.

2) PO(Purchaser Order) 및 승인 도면상에 명시된 기자재 제작 관련 적용 Code 및 적용 Specification들을 제작사와 함께 확인한다.

3) 기자재 제작상의 Code 및 Standard, Specification 등 적용상의 문제가 없는지 최종 확인한다.

(9) Master Schedule and Manufacturing Status

1) 제작사의 자재 입고현황 및 제작현황을 확인하고 제작사로부터 해당 프로젝트의 Master Manufacturing Schedule을 제공받아 검토하며, 기자재 제작기간의 제작사의 작업 Load 등을 확인, 이에 제작 및 검사 수행상의 문제가 없는지 확인한다.

2) 제작사가 제출한 제작 일정이 계약 납기에 부합하는지 확인하고 문제가 있을 경우 이를 Meeting Memo에 남기고, 해당 프로젝트팀 및 Expediting 담당에게 알려 검토하도록 조치한다.

(10) Inspection Schedule

1) 제작사의 기자재 제작 일정에 따라 최초 검사 일정을 확인하고 각 기자재별 검사 및 시험 계획(Inspection and Test Plan)에 따른 검사 일정을 확인한다.

2) 기자재의 중요성, 제작사의 품질수준, 구매자에서 정한 검사 Level에 따라 상주검사(Resident Inspection) 또는 방문검사(Visit Inspection) 실시에 대해 제작사와 확인하고 이에 대한 향후 검사 실시 계획을 간략하게 설명 · 논의한다.

(11) Confirmation of Technical Requirements

1) 제작사가 Job Specification, Standard, Code, 그리고 구매사양서상 Data Sheet에 포함된 기자재 제작 관련 요구사항 등을 검토 이해하고 이를 정확히 숙지하고 있는지를 확인한다.

2) 제작사가 기자재 제작과 관련하여 구매지에 Proposal할 기술적인 Deviation 또는 Concession 사항 등이 있는지에 대해 확인한다.

3) 만약 기술적인 Deviation 또는 Concession 사항이 있는 경우 가능한 한 Meeting 시간 내에 확정하고 그렇지 못한 경우에는 MOM상에 남기고 차후 빠른 시일 내에 제작사가 정식절차를 통해 Propose할 것을 권고하며, 구매자는 이를 가능한 한 빠른 시일 내에 제작사에 확인통보할 수 있도록 조치한다.

(12) Application for Inspection and Test

1) 제작사의 구매지로의 검사 및 시험 확인/입회 신청에 대한 사전 통보 일정에 대해 확정한다.

2) 제작사의 검사 및 시험에 대한 확인/입회신청서 양식 및 신청방법을 확정한다.

(13) Discussion of Inspection and Test Plan & Procedure

1) Inspection and Test Plan과 Procedure의 제출 및 승인 현황을 확인한다.

2) 제작사에서 제출한 Inspection and Test Plan 및 Procedure를 검토하고 이를 근거로 하여 구매자의 기자재 제작 간의 검사 필수확인점(Hold Point), 입회점(Witness Point) 및 검토점(Review Point) 등을 협의하고 최종 확정한다.

3) 검사 확인/입회 신청에 따른 제작사의 애로사항 또는 문제점이 있는지 확인한다.

(14) Non-Conformance Report(NCR)

1) 제작사에서 기자재 제작 시 발생되는 부적합 사항에 대한 조치 절차에 대해 제작사에 설명한다.

2) 부적합 사항이 구매자 혹은 제작사의 검사원(Inspector)에 의해 발행될 경우 해당 NCR은 구매자와 제작사에 전달된다.

3) 제작사는 부적합보고서가 발행될 경우 이에 대해 즉시 조치사항(Disposition)을 구매자에 제출하고 구매자는 이를 검토 승인한다.

4) 구매자로부터 승인된 조치사항은 제작사로 전달되는 즉시 수행되어야 하며, 조치 내용을 구매자의 대리인 혹은 검사원의 승인을 받아 최종 완료한다.

(15) Inspection Release Notice(IRN)

1) 기자재의 제작 및 검사가 완료된 경우 구매자의 대리인 혹은 검사원에 의해 발행되는 검사완료기록서를 설명하고 해당 양식을 MOM에 첨부한다.

2) 기자재의 Shipment는 구매자에서 발행한 IRN 없이는 불가함을 설명한다.

(16) Inspection and Test Device

1) 구매자의 검사 확인/입회 시 제작사는 검사 관련 장비에 대해 공급할 의무가 있음을 설명하고 확인한다.

2) 제작사의 검사 관련 측정장비 보유현황, 관리기록 및 공인검증기관을 통한 검교정(Calibration) 여부를 확인한다.

(17) Inspection & Test Record(Manufacturer's Data Report Submission)

1) 구매사양서와 구매자의 요구사항 등에 따른 검사 및 시험에 대한 기록서 목록과 제작사에서 제출한 검사 및 시험 관련 기록서 목록을 검토한다.

2) 제작사의 검사 및 시험 기록서 작성 시 해당 프로젝트의 유의사항과 특이사항에 대해 언급하고 이를 MOM에 명확하게 명시하여 차후 제작사와 구매자 간에 예상되는 논쟁의 소지를 없앤다.

3) 제작사의 기자재 납품 후 기자재 제작과 관련된 Engineering 관련 문서 및 검사 및 시험 기록서를 포함한 각 기자재별 MDR(Manufacturer's Data Report)의 제출 일정 및 제출 수량 등을 검토 협의하고 확정하여 기록한다.

(18) Photographing

제작사로부터 구매자의 프로젝트 수행에 있어서 기자재 품질확인과 공정관리의 목적으로 실시되는 사진 촬영에 대한 허가 및 동의를 구하고 필요시 구매자는 제작사에게 기자재 제작과 관련된 주요 공정에 대한 공정사진을 요청할 수 있음을 언급하고 확인한다.

(19) Right to Access Vendor or Sub-vendor's Shop

제작사로부터 구매자의 프로젝트 수행에 있어서 기자재 품질확인과 공정관리의 목적으로 제작사의 Shop 및 제작사의 하청업체(Sub-vendor)의 Shop을 방문하는 것에 대한 허가 및 동의를 구하고 기자재의 검사 및 시험의 결과에 영향을 미치지 않는 이유, 즉 안전상 혹은 기타 제작사의 내부 요인에 의한 방문의 제한에 대하여 구매자는 그를 준수할 것을 약속하고 확인한다.

(20) Shop Survey and Others

1) 제작사의 Shop을 방문하여 제작사의 기자재 제작 관련 시설 및 환경 그리고 제작사 작업자들의 Workmanship 등을 확인한다.
2) 회의 내용 중 주요 사항 등을 회의 참석자 모두에게 상기시키고 기타 협의사항 및 의문사항 등에 대해 확인하고 회의를 마무리한다.

[13] Logistics 업무수행지침서

1. Logistics Responsibilities

(1) 일반사항

운송의 근본 목적은 수행하는 Project의 공사계획과 Project 목적에 부합시켜 최대한 효율적인 방법으로 안전하게 현장에 기자재를 이동시키는 것이다.

(2) 구매팀장의 책임

1) Project 운송관리업무
2) Project Logistics Procedure 작성
3) Project 관련 운송업무 조정
4) Project 관련 수출입 허가업무절차 작성
5) 운송 관련 요율의 검토
6) Forwarder 총괄 관리 업무
7) Project 종결보고서 작성(Logistics Part)
8) 운송담당자들에 대한 업무 Feedback
9) 선정업체에 대한 검토

(3) 구매팀의 운송담당자(Logistics Coordinator)의 책임

1) 운송 Schedule 및 운송비 조사
2) 운송 수단의 조사결과 보고
3) 규격 및 중량 초과 선적품에 대한 문제해결 및 Route Survey
4) 운송자료에 대한 조사정리
5) 운송 시 분실이나 파손품에 대한 처리
6) 신청된 운송비에 대한 검토 및 대금 지불
7) Logistics 관련 관리양식(MDS, ETC) 작성 및 배포
8) 운송업무에 대한 보고(TO 운송총괄이나 부서장)
9) 관련 Forwarder 관리업무
10) Vendor, Buyer, Expeditor, Inspector 및 PPM과 업무 Coordination
11) 업무 관련 Data 구축
12) Project Scheme에 의한 Logistics Plan 작성
13) 운송 RFQ 배부, 견적접수 및 담당업체 선정 및 보관

2. Logistics Plan

(1) General

Logistics Plan은 PPM과의 업무협조로 구매팀장이나 그에 위임받은 운송담당자가 작성하게 된다. Logistics Plan에는 Project 초기 Project Procurement Plan의 일부분으로 작성된다.

(2) Content

1) Shipping & Packing Requirement

Project Site Location의 Condition, Project의 Logistics 관련 요구사항을 기술한다. 특히, 기자재 RFQ에 첨부되는 Shipping and Packing Requirement 사항을 검토 확정한다.

2) Route Alternatives and Constraints

기자재 운송이 예상되는 Source Country부터 Job Site까지의 이동 경로를 기술하며 일반적인 Vendor의 책임을 Fob Nearest Port를 기준하며 이후 발생하는 운송 Route를 기술한다. 본 Route를 결정할 경우 Economic Study를 기준으로 하여야 하며 출발지와 도착지의 화물 빈도수, Offloading Capacity, 육상운송의 이점 및 항구상태를 점검하여 그 Route를 선정하여야 한다.

3) National Agreement

일부 국가는 선사를 미리 지정하여 놓거나 특정 국가의 선사는 Berthing을 할 수 없는 등의 제약조건이 있다. 따라서 선사의 제약조건을 감안하여야 하며 본 Section에 그러한 제약조건을 명시하여야 한다.

4) Local Transportation and Logistics

운송 예상되는 Local Transportation Road를 Survey해서 Route를 결정하고 Port 사정을 감안하여 Logistics Plan을 작성한다. 이 항목에 Local Transportation 업체 Survey 결과를 반영한 Qualified된 업체를 기술하여야 한다. 또한 통관상의 문제점 및 필요서류 등을 기술하여야 한다.

5) Shipping Alternatives

좀더 Effective한 Shipping 방법이 있는지 Study한 결과를 기술한다. 기자재 List의 각각의 Shipping 방법을 기술하도록 한다. 이 항목에 항차수를 명기하고 Delivery 및 Shipping Size를 감안하여 Lot로 Shipping 가능한 것은 서로 묶는다. 항차수를 줄이는 것이 Shipping 관련 Document 및 제반 Expense를 줄일 수 있는 최선의 방법이다.

6) Special Load Consideration

Oversized & Heavy Equipment는 Packing Dimension 및 Weight를 검토하여 Site 통관/Inland Transportation상의 문제가 없는지 사전에 협의한다.

① Oversized & Special Materials

Oversize와 Special Item을 별도 List하여 관리토록 한다. 이 항에는 각 Item을 명기하고 이에 합당한 Transportation 방법을 명기한다.

② Hazardous Materials

MSDS(Material Safety Data Sheet)가 필요한 Item 및 이에 따른 Shipping 조건을 명기하고 필요한 Data를 명기토록 한다.

③ Route Limitation and Permit Requirement, 즉 운송에 필요한 Permit를 명기하고 누가 언제 실시하는지를 기술한다. 특히 현지 Road 사항을 감안하여 Road Transportation에 제한 사항은 없는지 확인하고 제한요소를 기술한다.

④ Heavy Weight & Module Handling

Module로 공급되거나 특히 Heavy Weight Equipment의 Special Handling 방법, 즉 Heavy Cargo Shipment의 동원 현지 Port의 Lifting Capacity 및 Barge Arrangement 필요 여부를 검토하고 가장 경제적인 Shipping 방법이 무엇인지 기술한다.

7) Forwarding

① Bid Evaluation and Transportation Contracting

Transportation에 필요한 Cost를 산정해보고 이를 Budget에 반영하고 Bid Evaluation 및 Contracting에 필요한 각종 Terms & Conditions, Evaluation 사항 및 기타 계약내용을 검토하여 사전에 확립한다.

② Export Preparation

Export에 요구되는 각종 Packing 방법을 재검토하고 수출에 필요한 서류 및 그 Loading 방법을 검토 기술한다.

③ Freight Forwarding

Freight Forwarding의 관리 및 Control에 필요한 각종 Procedure를 검토해 본다.

④ CFC(Container Field Station) Consolidation

기자재의 중간 집하장의 필요 유무를 검토하고 필요시 이에 대한 관리방법 및 집하장소를 명기한다.

8) Communication, Tracking and Reporting

Shipping의 Tracing에 필요한 각종의 Communication 방법, Tracking을 할 수 있는 Report의 주기 및 방법, 또한 Report의 제출 및 이에 따르는 각종 Form 등을 명기한다.(단, Procedure와는 그 내용이 Overlap되지 않도록 한다.)

3. Freight Forwader와의 계약체결

(1) 일반사항

운송을 위탁한 고객(화주)을 대리하여 화물의 집하, 입출고, 통관, 이적, 이선, 배달 등의 Service를 제공함으로써 화주가 요구하는 목적지까지 안전하고 신속하게 운송을 하여야 한다.

Forwader의 선정은 규정된 자격 업체로서 Project 수행에 필요한 능력과 가장 낮은 가격의 견적서를 제출한 업체로, 견적서에서는 반드시 각각의 운송 수단에 대한 방법과 가격이 포함되어야 한다.

(2) 절차

1) Vendor List 관리

① 승인된 Vendor List는 회사에서 정한 절차와 기준에 따라 경영 상태가 양호하고 평판이 좋은 거래처를 개발하여 정해진 절차에 따라 등록할 수 있다.

② RFQ가 접수되면 기재사항 및 내용을 확인하고 만약 수정사항이 있는 경우 PPM이나 PM과 협의 조정한다.
③ RFQ를 접수하는 즉시 Vendor List를 작성하여 Bid 참여 요청을 각 업체에 통보한다.
④ Shipping 품목이 복잡하거나, 위험물, Oversized 등일 경우에는 사전에 설명을 할 수도 있다.

2) Bidder 선정

① 접수된 Quotation은 검토한 후 Commercial Question을 작성한다.
② 계약 전 요구사항에 대한 Exception 조치
③ 기술적, 거래조건 등의 충족 여부, 경제적, 요구납기 충족 가능성, 과거의 수행 능력 등 제 요인을 충분히 검토한 후 총 운송비용이 최저가 되는 입찰자를 선정한다.

3) Final Negotiation

최종 가격 절충의 주목적은 운송계약에 있어 필요한 제 조건들에 대한 합의에 이르는 것이다.

(3) Bid Summary 품의

Negotiation이 완료되어 모든 Commercial 사항에 대한 합의가 이루어진 후에 운송담당자는 기안 품의서를 작성하며, 본 운송 품의서는 Bid Summary (I) 및 (II)와 일치하는 모든 Qualified된 Final Offer 또는 Quotation이 첨부되어야 한다. 운송담당자는 본 운송 품의서 및 기타 첨부 Documentation을 검토하여 M/M팀장 혹은 사규 전결 규정에 따라 결재권자의 승인을 득한다.

(4) Freight Forwader와의 계약변경

운송품의서의 승인 후 또는 운송계약서가 Issue된 후에 Revision 사항으로 인해 변경될 경우에는 수정운송품의서와 운송계약서를 Revision하여야 한다.

4. Tracing Shipments

(1) 선적 화물의 Tracing

기 선적된 화물에 대한 추적은 운송담당자(Logistics Coordinator)의 책임하에 다음의 사항이 확인되어야 한다.

① 선적인과 선적항
② 수탁자와 행선지
③ 운송자와 연락처
④ 선적일

⑤ 선적 관련 서류의 문서 번호

⑥ 선적물에 대한 포장 상태, 무게, 크기, 개수 등

(2) 선적 서류의 입수

선박 회사로부터 Arrival Notice를 받으면 L/C 계약일 경우 관련 은행을 통하여 선적 서류를 입수하고, 통관 준비를 한다. 만약 선적 서류 원본의 도착이 늦어지면 은행에서 Letter of Guarantee를 발급받아 통관을 준비한다.

(3) B/L 반환과 D/O 교부

B/L 원본 또는 L/G 서류를 선박 회사에 지시하고 D/O를 발급받아 화물을 인수한다.

(4) 통관 및 보세 운송

인수된 화물을 보세 구역에 반입시키고 관계 서류를 세관에 제출하여 통관 절차를 밟는다. 인수자가 보세 창고에 수송하여 통관하려는 경우 보세 운송 신청 후 승인을 받도록 한다.

(5) Empty Container의 반환

화물 인출 후 지체 없이 Empty Container를 선박회사 지정 C/Y에 반환한다. 지체 시 Retention Charge를 징수하므로 주의해야 한다.

(6) 사고 처리

인수 화물이 손상 또는 멸실되었을 경우 즉시 선박회사와 보험회사에 통지하고, Claim 수속을 개시한다.

5. Container, Bulk & Oversized Shipments

(1) 중량화물 기준

중량화물 기준은 일반적으로 육상 운송의 Trucking을 기준으로 할 때 단위화물당 25ton 이상, 외부 규격(포장 후) 길이 12meter, 폭 2.3meter, 높이 2.3meter이다. 화물의 중량은 무게 중심 등을 고려하여 규격에 의거하여 포장 완료 후 실측으로 화물의 무게 및 외부 규격을 확인한다. 본 규격을 넘는 것은 Oversized 또는 Overweight 화물이라 한다.

(2) Bulk 화물의 Definition

1) General : 12m×2.5m×2.5m, 25ton a package under

2) Heavy : 14m×3.5m×3.5m, 50ton a package under

3) Super Heavy : 18m×4m×4m, 100ton a package under

4) Special : Bigger and/or heavier than super heavy. On of its dimention and/or its gross weight exceeds the figures of super heavy cargo.

(3) Containers 화물 및 Bulk 화물의 Measurement

1) Containers 화물

① 20' Dry Container

일반적으로 가장 널리 이용되는 Container이며 규격은 (L)6,000mm×(W)2,300mm×(H)2,300mm이며 용적은 최대 31.740m^{3}까지 Loading 가능하고 Weights Container 자체 무게 1,960kgs을 포함하여 20,000kgs까지의 Loading이 가능하다.(Container 종류에 따라 상이할 수 있음)

② 40' Dry Container

20' Dry Container와 동일하며 길이(L)만 12,000mm이며 최대 용적은 63.4800m^{3}이고, Weights는 자체 무게 4,050kgs을 포함하여 23,000kgs까지 선적 가능하다.

③ Flat Rack Container

주로 화물의 Size가 일반 Dry Container 치수를 Over하거나 중량이 너무 무거워 Dry Container에 선적이 불가능할 때 이용된다.

사례

20' Flat Rack Container

(L) 6,000mm × (W) 2,3008mm × (H) 2,300mm Max Gross Weight 23,000kgs

40' Flat Rack Container

(L) 12,000mm × (W) 2,300mm × (H) 2,300mm Max Gross Weight 30,000kgs

④ Open Top Container

일반적으로 Dry Container와 규격은 동일하나 윗부분만 개방되어 있는 Container이다. 이용 용도는 화물의 높이가 너무 높아 Dry Container에는 들어가지 않을 시 또는 화물의 중량이 너무 무거워 Stuffing이 불가능할 때 주로 이용된다.

⑤ Tank Container

주로 액체 화물 운송 시 이용된다.

⑥ Flexible Container

자유롭게 접을 수 있는 수송 포대로서 분말 상태인 상품의 보관 · 수송에 이용되며, 구매에서는 일회용을 많이 사용한다.(주로 고무로 된 것, 합성섬유로 된 것 등이 있다.)

2) Bulk 화물 운송 요령

화물의 운송이 Container로 운송하기에는 너무 곤란한 경우가 있다. 예를 들어, 곡물, 석탄, 석유, 원목, 시멘트, 광석, 자동차 등 특수한 선박을 필요로 하는 경우 널리 이용된다.

① 곡물, 광석, 자동차, 원유, 원목 등을 운송 시

상기 화물은 Container에 선적하기에는 운임 및 하역 등의 불필요한 요소가 많이 발생하기 때문에 일반 전용 Bulk선을 이용하며 각각(곡물, 광석, 원유, 원목)에 맞는 선박이 이용된다.

② Project Bulk 화물(Plant 화물)

전문지식이 요구되는 화물로서 주로 Plant Equip가 이에 해당하며 Oversize 및 Overweight 화물인 경우에 Traffic Plan을 잘 세워야 한다. 예를 들어, 배가 부두에 접안하면 일반적으로 부두에 설치된 Shore Crane이 투입되나 그 용량이 Max 40ton 미만이기 때문에 40tons 이상 중량의 화물은 별도의 Crane을 동원하여 작업하든가 Heavy Weight를 Lift할 수 있는 선박을 이용하든가 Barge로 Shipping 하여 Roll on/Roll off 운송이 되도록 하여야 한다.

(4) 운송방안 검토

운송은 선적 전 내륙운송, 해상운송, 도착 후 내륙운송으로 나누어 구간별로 안전성, 경제성, 시간적인 부분을 고려하여 결정한다.

1) 선적 전 내륙운송은 화물의 제작 장소에서 선적 항만까지의 운송으로 도로의 통과 허용 한계를 고려하여 차량 및 장비 수배, 이에 따른 이용 도로 결정, 상차 후에는 고정 강박 작업을 철저히 하여 운송 중 손상위험을 줄여야 한다. 일반적으로 화물 안전 및 경제적인 운송을 위해 취급 횟수를 줄이도록 하여 선측까지 차량을 접근시켜 항만 내에서의 부가적인 상차/하차를 피한다.

2) 선박의 수배는 선적항, 도착항의 하역 능력 및 장비조달 여건 등을 고려하여 결정하며 가급적 Berth Term으로 선사와 계약한다.

3) 선박 자체 하역장비(크레인 등)가 가용치 않을 경우, 항만 당국과 협조하여 장비를 수배하며 사전에 내륙운송에 필요한 장비를 준비시켜 항만 내 대기 시 발송되는 비용을 최소화한다.

4) 화물의 중량 및 외부규격, 도착예정일자 등이 확인되면 현지에 통보하여 내륙 운송 방안을 조사한다. 도로의 사전 답사를 통해 항만에서 최종 도착 시까지의 접근로상의 도로 상황, 즉 도로의 거리, 소요시간, 도로 사용 허가조건, 유도차량 사용, 굴곡, 도로상의 교량, 육교, 장애물 등 모든 제반 요인을 고려하여 가장 안전한 접근로를 결정하며, 사유도로의 경우 사용 협조 조치 및 도로 교량의 보강 여부를 확인한다.

5) 화물 중앙 및 길이에 따라 Modular Trailer, Truck Crane 등 소요장비 확인 및 수배를 하며 차량 도착 시 지체가 발생되지 않도록 사전에 하차에 필요한 정지 작업 및 장비를 준비한다.

(5) 서류의 진행

서류의 진행은 일반화물. 서류절차에 준하나, 장비 사용의 시간 단축 및 안전을 위하여 선박 입항 전에 모든 필요 절차를 진행하고, 가급적이면 차량에 직접 하역하고 현장에서 세관 절차를 마칠 수 있도록 한다.

6. Hazardous Material Shipments

(1) 운송 요령

본 화물은 물품의 특성상 고도의 안전을 요하기 때문에 각국마다 별도의 규칙을 정하여 철저한 관리를 하고 있으며 화학제품, 무기류, 방사능 물질, 고도의 정밀 제품 등이 이에 속한다. MSDS의 FORM OSHA-IO에 의거하여 Hazardous Material을 규정하고 있으며 MSDS는 P/O의 일부분으로 규정하고 있다. 국내에서는 위험물 검사소가 별도로 설치되어 운영되고 있으며 화물이 운송되기 전에 위험품 검사소에서 직접 조사하여 그 포장방법 및 운송 수단을 지시한다.

(2) 위험물 수송 시 수칙

1) 혼재 금지

화물의 특성상 일반화물과 같이 선적하는 것을 금한다. 위험물은 사고 발생 시 다른 화물에 치명적인 손상을 줄 수 있기 때문에 위험물은 사고 발생 시 다른 화물에 손상을 주지 않는다는 명백한 입증을 하지 못하고서는 혼재를 원칙적으로 금한다.

2) 위험품 포장 원칙

위험품은 운송 시 발생할지도 모르는 사고를 대비하여 위험품 검사소에서 지정한 규격에 맞는 포장을 원칙으로 한다. 또한 포장 외면에 위험물임을 알리는 표시를 반드시 하여야 하며 이를 소홀히 하여 발생된 사고에 대해서는 수하인이 책임을 진다.

(3) 위험물 수송 요령

1) 충격 예방 : 운송 시 화물이 충격을 받지 않도록 안전한 방법으로 운송한다.
2) 화재 예방 : 만약의 사태에 대비하여 별도의 화재예방기구를 설치하여야 한다.
3) 과적 금지 : 운송 시 안전을 위협할 수 있는 과적을 절대 금한다.

7. Lost and Damage Claims

(1) 일반사항

화물이 정상적인 흐름에서 벗어나 파손이나 손상, 지연, 분실 등의 사건이 발생하는 것을 말한다. 운송 도중의 손실이나 손상에 대한 상환은 최종 수령인에 의해 운송담당자(Logistics Coordinator)에게 보고되며, 운송담당자는 구매담당자와 상의하여 Claim을 처리한다.

(2) Claim 조치사항

Claim이 발생되었을 때는 다음 사항의 조치를 취한다.

1) 외견상의 손상은 화물 도착과 함께 기록한다.
2) 가능한 한 사진으로 남긴다.
3) 수령한 박스, 개수, 무게 등을 확인하여 결과를 기록한다.
4) 수량의 문제가 제기되었을 때는 문서상에 운반자의 사인을 받도록 한다.
5) Claim의 발생상황을 가능한 빨리 운반회사에 통보한다.
6) 운반회사의 요청 시 운반회사가 선적물의 상태를 검사할 수 있도록 "수령된 상태"로 보관할 수도 있다.

(3) 항공화물의 Claim

항공화물의 Claim은 항공사에 운송을 위탁하거나 실제 운송된 화물이 항공사의 귀책사유로 직접적인 피해를 입은 경우, 송하인이나 수하인 또는 유자격 대리인에 의해 제출된 손해배상청구이다.

1) Claim 발생 요인

해당 운송장의 화물이 항공사의 관리에 놓이게 되는 시점을 개시로 화물의 인수권자에게 화물을 인도하는 종료까지의 운송 과정에서 발생되는 Claim으로 다음과 같다.

① 화물의 손실로 인도 불능 상태
② 화물의 훼손으로 상품의 가치 상실
③ 인도의 지연
④ 취급상 과실 등으로 화물 소유권자의 피해 초래

2) Claim 청구의 한도

Claim이나 Claim의 의사 통고는 규정된 제한시간 내에 서면으로 하게 되는데 부분적 손실을 포함한 Damage에 대한 Claim은 화물 인수 일자로부터 14일 이내에 한다. 또한 Delay에 대한 Claim은 화물 도착 통보를 받은 날부터 21일 이내에 하고, Missing의 경우는 AWBL 발행일 이후 120일 이내에 접수되어야 한다.

3) Claim에 필요한 서류

① AWBL 원본 및 House AWBLL

② 액수의 근거가 되는 Invoice 원본, Packing List

③ Damage, Delay, Loss의 계산서 및 청구 총계

④ Delay에 의한 손해비용 명세

⑤ Survey의 보고서

(4) 해상 운송 Claim

운송 도중의 사고에 기인한 손해와 운송 계약의 위반에 따른 제반 손해배상청구 또는 의무 이행청구(Claim for Loss and Damage of Cargo)

1) Cargo Claim 제기

① Claim 당사자 확정

- Claim의 상대방(화주, 선주)
- 제3자에 의한 손해 발생 시 제3자 확정

② Claim 통지

인도 전 · 후 서면으로 Claim 상황을 통지하며, 인도 당시 발견이 불가할 경우 3일 이내에 통지하여야 하며, 인도한 날로부터 또는 인도하여야 할 날로부터 1년 이내에 소송이 없는 경우는 운송인 및 선박의 책임은 소멸한다.

③ 손해의 원인과 손해액 확인을 위한 Survey 시행

하주 선택, Cargo Underwriter, 운송인과 Joint Survey를 시행한다.

④ 적하 보험자의 Subrogation

- 화주의 선보험 구상
- 적하 보험자의 Claim 청구권 양수
- 적하 보험자와 운송인 간의 Claim 해결

2) Claim 제기 시 제출서류

① Bill of Lading

② Shipper's Commercial Invoice

③ Packing List

④ Itemized Claim Statement

⑤ Survey Report

⑥ Insurance Policy, If Any

⑦ Delivery Receipt or Record

⑧ Subrogation Receipt

⑨ Other

3) Claim 해결

① 당사자의 해결인 경우는 청구권의 포기와 화해(Compromise Settlement)로 한다.

② 제3차 개입에 의한 해결인 경우는 Intermediation, Conciliation, Arbitration(중개인을 선정하고 판정에 복종), Litigation(재판조의 판결에 의해 해결)의 경우가 있다.

(5) 적하 보험

1) 보험계약의 청약과 성립

보험계약 체결 시 보험계약자로 하여금 고지하여야 할 사항을 기재하도록 보험자가 미리 작성한 서식을 보험청약서라 하며, 주요 기재사항은 보험계약자 및 피보험자, 적재 선박명 및 출항 예정일자, 출발항과 도착항, 보험의 목적인 화물의 명세, 보험 금액과 송장 금액, 보험 조건, 기타 보험자가 요구하는 사항 등이 있다.

2) 보험 조건의 선택

All Risks(A/R), With Average(w.a), Free From Particular E(F.P.A.)가 있으며, 신 협회 약관에 따른 I.C.C.(A), I.C.C.(B) 및 I.C.C.(C)의 세 종류가 있다.

3) 보험의 Claim 절차

① 보험료 청구 서한(Claim Note) 손해액 명세 첨부

② 보험증권 또는 보험증명서 원본 또는 부분

③ Commercial Invoice

④ Bill of Lading(전 손일 경우에는 원본 Full Set)

⑤ Survey Report

⑥ Sea Protest

⑦ 화물 인수도 협정서, 입고확인서, 검수보고서, 화물인수증 등

⑧ 운송인 기타 수탁자와 손해배상에 관한 교신 서한

8. Shipping and Packing Instruction

(1) 일반사항

안전하고 효율적인 기자재 운송을 위하여 Packing 및 Shipping에 요구되는 사항들을 정리한다. 본 Shipping & Packing Instruction의 내용을 Plan에 반영하고 본 Plan에 의거하여 RFQ Issue 시부터 Bidder에게 통보되어야 한다.

(2) 선적에 관련된 정보

1) 모든 선적서류 및 관련 공문에 제출하여야 할 대상 및 주소를 명기한다.
2) Proforma Packing List
   Buyer의 검토 및 관련 업무 진행을 위하여 Vendor Proforma Invoice를 제출하여야 할 시기를 명시한다.
3) Heavy/Overload Cargo에 대한 Sketch의 제출에 관한 사항을 기술한다.
   ① Sketch Form의 지정
   ② Sketch에 명시되어야 할 사항(Center of Gravity, Sling Points, Lifting Method & Lifting Equipment, etc.)
4) Chemical 및 위험물질의 특별 취급에 관한 설명서 요청 및 제출기간을 명시한다.
   (IMCO, International Maritime Dangerous Cargo Code 참조)
5) 기자재의 운송 및 보관 도중에 특별한 주의가 필요한 경우 Vendor로부터 취급지침서를 요청하여야 한다.
6) Vendor로부터 Packing Sketch를 요청한다.

(3) 선적

1) 사전 통보
   Vendor는 Buyer 및 Forwarder에 선적 전 30일까지 다음 사항을 포함한 선적에 관한 정보를 제공하여야 한다.
   ① P/O Number 및 Vendor Reference Number
   ② Cargo Description
   ③ Partial Shipment or Final Shipment
   (Partial Shipment인 경우 차수 명기)
   ④ Package 수 및 중량/체적
   ⑤ Ex-factory Location
   ⑥ 예상 도착일
   ⑦ 검사 장소 및 시기
   ⑧ FOB Amount

2) 선적 지시
   Vendor에 대한 운송주선인으로부터 선적지시 사전통보 접수 후 운송주선인은 Buyer와 협의를 거쳐 정식 선적지시를 내린다.

3) 선적 확인

Vendor는 기자재가 Vendor Shop을 떠나면 운송주선인에게 다음 사항을 확인한다.

① Cargo Detail(Package, 중량/체적, Container Number 및 Seal Number)

② 기자재 출고날짜

③ Truck Number 및 예상도착일

④ 관련 서류가 운송주선인에게 보내지는 날짜

4) 통보

Vendor는 선적 후 3일 이내 Buyer에게 다음 사항을 Fax/E-mail로 통보해야 한다.

① Invoice No.

② Buyer의 P/O No.

③ Item No.

④ Cargo Description

⑤ Package 수

⑥ 총 중량 및 체적

⑦ B/L No. 및 Date

⑧ Vessel명 및 출항일

⑨ 출발항 및 도착항

⑩ 예상도착일

5) Marking

① 해당 Project에 사용된 Mark Form 및 Logo, 기재사항 및 Mark의 크기 등을 규정한다.

② 기자재의 취급상 특별 관리를 요구할 경우 국제관행에 따른 Mark 및 경고사항이 명시되어야 한다.

③ 위험물 및 인화성 물질인 경우 각각의 Package에 명확한 Mark나 Label이 부착되어 취급 도중에 사전 주의나 식별이 용이하여야 한다.

④ 상기에 진술된 이외의 사항이 Buyer로부터 요구될 경우 Vendor는 Vendor의 비용으로 이를 이행하여야 한다.

⑤ Package의 표면에 직접 Mark가 불가능한 경우 요구되는 Mark가 새겨진 Metal Label이 Package에 부착되어야 한다.

6) Consignee 및 Notify Party의 명기

① Consignee : Consignee를 명기

② Notify Party : Notify Party를 명기

7) 선적서류

Vendor는 상기 4)항에 명시된 사항 및 선적서류(B/L, Commercial Invoice 및 Packing List)를 선적 후 3일 이내 Fax로 Buyer에게 통보하여야 한다.

① Commercial Invoice

- 선사명 및 주소
- Consignee & Notify Party
- P/O No., Item No., 수량, 기자재 명세
- 제작자명 및 주소
- Shipping Mark 및 Packing 방법
- Invoice상의 Item 및 금액은 P/O상 Item 및 금액과 일치하여야 한다.
- Invoice는 각 Item별 금액 및 선급금, 유보금의 관계가 명시되어야 한다.
- 기타 각 Project별 특별 요구사항

② Packing List

- Shipping Mark 및 Packing 방법 명시
- 각 Package별 Dimension, 무게, TAG No., Item No., 및 기자재 명시
- Package List의 Item 명세는 P/O와 일치하여야 한다.
- Accessories 및 Spare Part의 자세한 명세
- Accessories 및 Spare Part의 Packing 방법 지정

③ 분할 선적

- 분할 선적일 경우 차수 명시
- 최종 선적일 경우 "Complete Shipment" 명시

8) 선적서류 배포

① Vendor는 L/C에 의거하여 다음의 서류를 Nego-bank에 제시한다.

- Draft
- Commercial Invoice
- Packing List
- Certificate of Origin(요구되는 경우)
- Clean on Board Ocean Bill of(Lading/Airway Bill)
- Guarantee Bond(요구되는 경우)

② Vendor는 선적준비가 완료되면 다음의 서류를 운송 주선인에게 전달한다.

- Commercial Invoice 3부
- Packing List 3부
- Certificate of Origin 3부
- L/C Copy

9) Normal Cargo에 대한 중량 및 규격 기준치

규격을 초과하는 모든 기자재에 대하여 Vendor는 선적 30일 전까지 Heavy/Overload Packing 및 운송계획을 Buyer에게 제출하여야 한다.

(4) Packing Instruction

1) 본 Section은 운송 및 옥외저장을 위한 Packing 방법에 대하여 기술한다.

2) 적용 Code

① KS A2161, A－2151, 2152, 2154(한국 Vendor에 적용)

② JIS Z1402~8

③ BS 1133, 2540, 3177

④ ASTM A700

⑤ ISO 9001

3) Packing 준비

① Packing 전 모든 기자재는 세척 및 방청되어야 한다.

② 달리 명기되지 않은 경우 Flange Opening은 Gasket을 첨부하여 합판 또는 Steel Plate로 봉합되어야 한다.

③ 달리 명기되지 않은 경우 Pipe 끝단 Opening도 Cap이나 Plug로 보호되어야 한다.

4) 기타 사항

① 운송 도중 Damage를 방지하기 위하여 충격흡수제가 Packing 내부에 충진되어야 한다.

② 습기에 약한 자재를 보호하기 위해 Packing 내부에 Desiccant를 충진시켜야 한다.

③ Buyer가 지정하는 특수 기기 내부에는 Inert Gas를 충진시켜야 한다.

5) Packing 검사

① Vendor는 본 지침에 의거하여 Packing이 완료됐음을 보증하여야 한다.

② Buyer 측의 검사관에 의해 육안 및 치수 검사가 행해져야 한다.

③ Vendor는 Packing 검사 2주 전에 Buyer에게 검사장소 및 일정을 통보해야 한다.

02 기자재 구매사양서

1 기자재 구매사양서

[1] 기자재 구매사양서의 의의

플랜트(화력발전소) 건설 시에 사용되는 기자재 구매사양서란 무엇이고, 어떤 과정을 거쳐서 작성되는지에 대해서 알아보자. 일반적으로 기자재 구매사양서란 기자재 구매공급과 관련하여 사업주 또는 구매자와 공급자 간에 체결하는 기자재 공급계약서(Contract)를 지칭한다.

일반적으로 기자재 구매사양서는 계약금액, 지급조건, 하자보증사항 등을 명시한 "계약일반조건(GTC ; General Terms and Conditions)"과 공급범위, 설계요건, 공장시험 등의 요구조건을 규정한 "기술규격서(Technical Specification)"로 구성되어 있다.

[2] 기자재 구매사양서의 종류

일반적으로 화력발전소 건설에 필요한 기자재 구매사양서는 아래와 같이 발전소의 중심적 기능을 관장하는 2개의 주기기 공급계약서와 수십 개의 보조기기 공급계약서로 구성되어 있다.

1. 주기기 공급계약서

1) 보일러 공급계약서(Boiler Contract)
2) 터빈발전기 공급계약서(Turbine & Generator Contract)

2. 보조기기 공급계약서

화력발전소를 구성하고 있는 수많은 설비들 중에서 위에 언급한 주기기를 제외한 나머지 부대설비들을 총칭하여 보조기기 또는 BOP(Balance of Power Plant) 설비라고 부르고 있으며, 주요 BOP 설비로는 다음과 같은 것들이 있다.

(1) 기계설비

1) 급수가열기 & 탈기기(Feedwater Heater & Dearator)
2) 일반원심펌프류(General Centrifugal Pump)
3) 복수기 및 부속설비(Main Condenser and Auxiliaries)
4) 급수펌프 & 급수승압펌프(Boiler Feed Water Pump & Boiler Feed Water Booster Pump)

5) 공기압축기(Air Compressor with Dryer)
6) 해수취수펌프(Sea Water Lift Pump)
7) 복수펌프 및 복수승압펌프(Condensate Pump & Condensate Booster Pump)
8) 통풍설비(Axial Fan)
9) 보조보일러(Auiliaries Boiler)
10) 항온항습설비(HVAC : Heating, Ventilation & Air Conditioning)
11) 열교환기(ASME Ⅷ Heat Exchanger)
12) Shop Fabricated ASME B31.1 Piping
13) Shop Fabricated Pipe Support
14) Structural Steel
15) 고온, 고압 단조 밸브(High Pr. High Temp Forged Valve)
16) 취수설비(Intake Equipment)
17) Shop Fab. Vessel & Tank ASME Ⅷ
18) 탈황설비(FGD ; Flue Gas Desulfurization)
19) 탈질설비(De-NOx)
20) 수처리설비계통(Water Treatment System)
21) 폐수처리설비계통(Waste Water Treatment System)
22) 기타 Butterfly Valve, Condenser Tube Cleaning System, Condenser Vacuum Pump, Debris Filter, Metal Expansion Joint, Overhead Crane, Rubber Expansion Joint, Strainer & Steam, Trap, Submersible Pump, Vertical Pump 등

(2) 전기 계장설비

1) 주변압기, 소내변압기, 기동용 변압기
2) 옥외변전소(170/362kV Gas Insulated Substation)
3) 154/345kV CV Cable
4) 7.2kV Metal Clad Switch Gear
5) 충전기 및 무정전 전원설비(Battery Charger & UPS)
6) Cable Tray and Fitting
7) 부식방지설비(Cathodic Protection System)
8) 비상발전기(Diesel Generator)
9) Generator Bus and Accessaries
10) 직류전원설비(DC Battery with Rack)
11) 전기제어감시시스템(Electrical Equipment Control & Monitoring System)
12) 조명설비(Lighting Apparatus)
13) 옥외변전소 감시보호계통(Switchyard Monitoring with Protection System)

14) 저압모터전동기제어반(480V AC Motor Control Center)
15) 분산제어설비(DCS ; Distributed Control System)
발전소 감시제어계통의 최상위 위치(Level)에서 발전소 전체 설비에 대한 제어 및 감시기능을 총괄적으로 수행하는 중추적이고 핵심적인 제어설비
16) 터빈발전기제어설비(Turbine Generator Control & Monitoring System)
17) 순차제어설비(Packaged Programmable Logic Control & Monitoring System)
18) 탈황제어설비계통(FGD Control and Monitoring System)
19) 탈질제어설비계통(De-NOx Control and Monitoring System)
20) 해수취수제어설비계통(Sea Water Intake Control System)
21) 수처리제어설비계통(Water Treatment Control System)
22) 폐수처리제어설비계통(Waste Water Treatment Control System)
23) 공기압축기 감시제어설비계통(Air Compressor Control System)
24) 항온항습제어설비계통(HVAC ; Heating, Ventilation & Air Conditioning Control System)
25) 수질분석설비(Water Sampling and Analysis System)
26) 현장계측설비
① 온도감지설비 : RTD/TC, Temp Transmitter, Temperature Switch, Temperature Gauge, etc.
② 압력감지설비 : Pressure Transmitter, Pressure Switch, Pressure Meter
③ 유량감지설비 : Flow Transmitter, Flow Meter
④ 수위감지설비 : Level Transmitter, Level Switch
⑤ 구동기 : Pneumatic Operated Control Valve, Hydro Oil Operated Control Valve, etc.
⑥ 진동감지설비(Vibration Monitoring System)
⑦ 환경감시설비(Stack Gas Monitoring System) : SOx, NOx, CO, 미세먼지(Density) 등

2 기자재 구매계약 방법 및 절차

[1] 기자재 구매계약을 위한 입찰방식

1. 일반경쟁 입찰방식(Open Bidding)에 의한 계약방식

계약의 목적, 내용, 개요 등을 입찰공고하여 일정한 응찰자격을 갖춘 다수의 희망자로 하여금 경쟁을 시켜 그 중에서 가장 유리한 자를 선택하여 계약을 체결하는 방식으로서, 공개적이고 기회의 공평성과 경제성을 기할 수 있는 장점이 있다.

2. 제한경쟁입찰방식에 의한 계약방식

입찰참가자격을 과거의 실적, 기술자 보유현황, 보유면허 등 객관적인 기준에 의하여 제한하므로 불성실하고 무능력한 자의 입찰을 제한하는 입찰방식이다. 일정한 자격 이상을 갖춘 자만 입찰에 참여토록 함으로써 품질 확보와 더불어 경제성과 공개성을 기할 수 있는 장점이 있다.

3. 지명경쟁입찰방식에 의한 계약방식

계약 목적을 수행하는 데 가장 적합하다고 인정되는 응찰자를 여러 명 지명한 후, 그들로 하여금 경쟁을 통하여 계약상대자를 선정하는 방식으로서, 가장 적합한 것으로 인정되는 응찰자 중에서 계약 상대자가 선택됨으로써 사업의 품질제고를 기할 수 있는 것이 가장 큰 장점이다.

4. 수의계약(Optional Contract)에 의한 계약방식

경쟁입찰에 의하지 아니하고, 임의로 선정한 특정인과 계약체결하는 방식으로 주로 특수한 기술용역이라든가 특수제품 구매 시에 적용하는데, 경쟁절차의 생략에 따라 사업기간을 단축시킬 수 있는 장점이 있다.

[2] 기자재 구매계약업무 절차

기자재 구매계약업무와 관련하여, 입찰안내서(ITB ; Invitation to Bidder) 작성을 시작으로 구매계약업무가 종료되기까지의 기본적인 계약업무의 흐름도는 다음과 같다.

〈ITB 작성/발급〉

- 입찰서 접수/평가/낙찰자 선정
- 계약협상/계약체결/계약발효
- 기자재 설계/제작/납품
- 기자재 설치/시운전
- 계약의 종료

3 단계별 상세 업무내역

[1] 입찰안내서(ITB)의 작성

사업주는 구매하고자 하는 품목(Package)의 ITB를 작성한 후 사전에 정하여진 지명경쟁 또는 제한경쟁방식 등에 따라 ITB를 입찰대상자에게 발급한다. 이때, ITB 내용 중 기술규격에 관한 사항은 일반적으로 사업주와 별도 계약에 의해 해당 사업에 참여하고 있는 설계기술용역사(A/E)에 의해 작성된다.

품목(Package)별 적정한 ITB 발급 시점과 관련해서는 기자재 제작소요기간이 긴 보일러, TBN/Gen과 같은 Long Lead Item인 경우와 제작소요기간이 짧은 Package를 구분하여 사전에 수립된 기자재 구매계획 일정에 따라서 순차적으로 발주하면 된다.

ITB는 일반적으로 "일반사항"과 "기술사항"으로 구분하여 작성하는데 각 항에 담아야 할 세부 내용은 다음과 같다.

1. 일반사항

(1) 입찰자 유의서(Tender Notice)

입찰유의서는 입찰에 참여하고자 하는 자가 유의하여야 할 사항을 작성하는 것이며, 아래와 같은 사항들을 명시한다.

① 발주자에 대한 소개, 사업소 현장 위치에 대한 설명과 구매사양서에서 사용되고 있는 여러 용어에 대한 정의(Definition)
② 입찰범위(입찰하여야 할 대상, 공급 및 역무범위 등)
③ 입찰 시 제출하여야 할 서류(내용, 종류, 수량, 주소 및 입찰서 제출마감 일시 등)
④ 입찰서에서 사용되는 언어, 단위 및 입찰서에 포함되어야 할 사항
⑤ 화폐단위(원화 또는 미화), 입찰금액의 기준조건(공장상차도, 현장하차도, FOB, CIF)
⑥ 입찰 유효기간 및 입찰 보증금에 대한 조건

(2) 사업 개요(Project Description)

① 건설하려는 발전소의 규모 또는 설비용량(Capability, kW) 등
② 주요 건설공정계획(착공일, 철골입주, 수압시험, 화입, 통기, 계통병입, 준공 등)
③ 주요 설비 계통 설명(송전/기동전원계통, 냉각수계통, 발전용수, 공기압축기계통 등)
④ 기타 기기 배치 관련 사항, 설계 조건 등

(3) 계약일반조건(GTC ; General Terms and Conditions)

계약금액, 대가지급조건, 지체상금, 성능보증사항, 하자보증사항 및 인수통보 등 일반공급조건 등

2. 기술사항

(1) 일반설계조건

① 건설지점의 자연, 지리 조건, 기상 기후, 해발표고, 지진계수 등
② NOx, SOx, CO, 미세먼지, 소음레벨 등 환경규제사항
③ Utility 공급원, 수질 환경

(2) 기술규격사항

① 공급 및 역무 범위
② 적용규격 및 표준(KS, ANSI, IEC, JIS 등)
③ 일반설계조건
④ 성능보증사항
⑤ 품질보증사항 및 공장검사, 현장시험에 대한 요건
⑥ 도서제출내역
⑦ 입찰제의 양식(Bid Form)
⑧ 부록(Appendix)

(3) 대안입찰(Alternative Proposal) 요구

ITB에서 요구하고 있는 기술규격보다 우수한 기술 또는 제품이 있을 경우 입찰자는 그 품목 또는 기술에 대해 대안입찰이 가능토록 명시한다. 다만, 이 경우에도 기본입찰(Base Proposal)은 ITB 요구조건에 따라 제출하도록 하여야 한다.

[2] 입찰안내서(ITB) 발급

ITB 작성이 완료되면, 해당 기자재의 구매예산, 입찰방법, 발급대상 업체 등 기자재 구매 세부 추진계획을 수립하고, 이 세부 추진계획에 따라 각 입찰대상업체에 ITB를 발급한다. ITB를 발급 시 주의할 점은 입찰대상자로 하여금 해당 ITB의 수령 및 응찰 여부에 대한 공식적인 답변을 요구하는 것이다.

[3] 입찰서 접수 및 입찰평가

1. 입찰서의 접수

사업주는 ITB를 발급한 시점으로부터 일정 기간이 경과된 후, 각 입찰자로부터 응찰서를 접수

한다. 입찰 대상 품목이 단순 품목인지 또는 복합 품목인지에 따라 입찰서 제출시한은 ITB 발급시점으로부터 통상 1개월 내지 3개월 정도로 정한다. 입찰서류 제출과 관련하여, 입찰자가 주의하여야 할 점은 지정된 입찰시간을 반드시 준수함으로써 입찰서류 제출 지각으로 입찰자격이 상실되지 않도록 하는 것이다. 접수된 입찰서는 일반 Commercial 사항과 기술규격사항을 구분하여 각 전담 평가 부서로 배분하고 입찰평가업무에 착수하게 된다.

2. 입찰서 평가(Bid Evaluation)

(1) 입찰평가계획의 수립

발주자는 제한된 기간 내에 입찰평가업무를 효율적으로 수행하기 위해서, 각 입찰자로부터 입찰서를 접수하기 전에, 입찰평가기준이라든가 세부추진일정, 평가조직인원의 구성과 공정하고 객관적 입찰평가를 담보할 수 있는 구체적인 입찰평가 추진계획을 사전에 수립한다.

(2) 입찰평가방법

입찰평가란 입찰자가 제출한 응찰서가 ITB에서 요구하고 있는 제반 일반 공급조건과 기술규격 요건에 대해 만족 여부를 일일이 확인하는 작업과정을 말한다. 따라서, ITB에서 요구하고 있는 요구조건을 기준으로 각 입찰서를 평가하는 것이 무엇보다도 중요한 포인트다. 그리고 입찰평가업무 수행 시에 가장 중요하게 지켜야 할 원칙은 입찰자가 몇 명이든 사전에 정해진 평가원칙을 모든 입찰자에게 동일한 기준 잣대로 적용하여 평가하여야 한다는 것이다. 일반적으로 평가대상 항목과 평가방식에는 다음과 같은 것이 있다.

1) 기술성 평가

① 경미한 불만족 사항에 대한 평가

ITB에서 요구한 규격, 성능, 기능, 용량 및 재질 등의 주요 항목에 대해서는 ITB 요건에 부합되게 입찰하였으나, 일부 경미한 사항이 ITB 요건을 만족하지 못할 경우에는 이 경미한 사항에 대해 보완토록 입찰자에게 요구하고, 이 보완결과에 따라 입찰자로부터 가격 증가를 제시할 경우는 이 가격 증가분을 당초 입찰자가 제출한 입찰금액에 추가 반영하여 평가하면 된다.

② 주요 불만족 사항에 대한 평가

발주자는 입찰자가 제시한 입찰내용이 ITB의 주요 기술규격을 만족하지 못할 경우에는 입찰서류 일체를 거절할 수 있다. 다만, 이런 경우를 대비하여 발주자는 ITB의 입찰 유의서에 주요 기술규격 미달 시 해당 입찰서를 거절할 수 있음을 사전에 명시해 두어야 한다.

③ 성능 차이에 대한 평가

발전효율(Efficiency), 발전출력(Output, kW) 및 소비동력(kW) 등 중요 성능에 있어서 입찰자 간에 차이가 있을 경우에는 이 성능차이를 금액으로 환산하여 종합 가격 평가에 반영함으로써 우수한 성능을 제시한 입찰자와 그렇지 못한 입찰자 간에 차별화된 평가가 이루어지도록 하여야 한다.

④ 공급범위 차이에 대한 평가

각 입찰자가 제출한 공급범위 또는 역무범위상 상호 차이가 있을 경우에는, 입찰자 모두에게 동일한 공급범위(Levelized Scope of Supply)가 되도록 조정하여야 한다. ITB 공급범위 기준에 비해 과다하게 제시한 입찰자는 과다 공급범위를 제외토록 요구하고, ITB 기준에 비해 과소하게 제시한 입찰자에게는 과소 공급범위만큼 추가 견적토록 요구함으로써 입찰자 간에 공급범위를 동일하게 맞출 수가 있는 것이다. 이와 같은 공급범위의 조정에 따라 가격의 감액 또는 증액이 있을 경우, 이 가격 증감분을 해당 입찰자의 당초 입찰가격에 합산하여 평가하면 된다.

⑤ 비교 평가보고서(Spread Sheet)의 작성

입찰자 간의 입찰내용 차이를 쉽게 파악할 수 있도록 비교평가서(Spread Sheet)를 작성함으로써 입찰평가업무를 효율적으로 수행할 수가 있다.

스프레드시트는 입찰평가업무를 수행하는 데 있어서 가장 기초적인 자료로 쓰이는 것이므로 가급적 평가업무가 개시되는 시점에 우선적으로 작성하는 것이 좋으며, Spread Sheet의 양식은 다음과 같이 하여, 각 입찰자가 제시한 입찰 데이터를 해당란에 기입하면 된다.

ITB 기준		입찰자			Remarks	
ITEM	Requirement	A사	B사	C사		

[그림 1-2] Spread Sheet의 서식 예

2) 경제성 평가

일반적으로 발전 설비에 대한 경제성 평가 대상 항목으로는 다음과 같은 것이 있다. 이들 금액을 모두 합산한 가격 종합표를 작성하여 입찰자 간의 경제성에 대한 우열을 판단하는 자료로 활용한다.

① 입찰 시 제출한 최초 입찰 금액

② 입찰자 간의 성능 차이, 공급범위 등 기술성 평가결과에 따른 금액 증감분

③ 잠정항목(Provisional Item)에 대한 제의 금액
예비품비(Spare Parts), 특수공구비(Special Tools), 기술감독비(Technical Super-visory), 사업주 엔지니어에 대한 교육훈련 비용(Training Fee)
④ 기자재 대가 지급조건 등

3) 대안입찰에 대한 평가

입찰평가는 기본적으로 ITB 기준에 따라 제출한 기본입찰(Base Proposal)을 베이스로 평가하여야 한다. 어떤 경우든 대안입찰(Alternative Proposal)을 낙찰자를 선정하는 데 평가자료로 활용할 경우 입찰평가의 공정성이 침해될 소지가 있으므로 입찰평가 대상에서 제외시켜야 한다. 다만, 1순위 업체가 선정된 후, 그 1순위 입찰자가 어떤 특정 품목에 대해서 기본입찰 외에 별도로 대안입찰(Alternative Proposal)을 제출했을 경우, 이 대안입찰이 기본입찰에 비해 경제성 및 기술적인 측면에서 발주자에게 유리하다고 판단되면, 계약협상과정에서 대안입찰을 바탕으로 계약서를 추진할 수 있다.

4) 확인회의의 필요성

입찰평가 업무를 보다 효율적으로 진행시키기 위해서 입찰평가 기간 중에 적절한 시점을 택하여 모든 입찰자를 상대로 확인회의(Clarification Meeting)를 개최할 수가 있다. 평가자가 각 입찰자를 직접 대면하여 입찰서상의 미제출사항 또는 불분명한 부분이라든가 의문사항들을 신속하게 처리할 수 있으므로 확인회의는 입찰평가업무를 제한된 기간 내에 효율적으로 수행하는 데 도움이 된다.

[4] 계약의향서 발급

입찰평가작업이 마무리되면, 경제성과 기술성 평가를 종합 집계하여 입찰자 간에 우열 순위를 정해야 한다. 여러 입찰자 중에서 가장 우수하게 평가된 입찰자를 1순위 낙찰자로 선정하여 선정된 업체는 계약협의 대상자로 선정되었음을 통지하고, 계약의향서(L/I)를 발급한다. L/I 발급 시에는 낙찰자로부터 건설공정 준수를 위한 기자재 납품일정을 반드시 준수하겠다는 확인을 요구하고, 아울러 정해진 기한 내에 계약협상이 이루어지지 않을 경우 차순위 입찰자와 계약협상을 추진할 수 있다는 발주자의 의지를 명시함으로써 순조로운 계약협상업무를 준비한다.

[5] 계약협상, 계약체결 및 계약발효

1. 계약협상회의

낙찰자가 선정되면 발주자는 가급적 빠른 시간 내에 해당 낙찰업체를 상대로 계약협상업무에 착수하여야 한다. 발주자는 계약협상 시에 협의할 안건, 회의 일정, 기타 계약서에 반영하여야 할 사항을 정리하여 협상 상대자에게 통지하고, 계약협상회의(Contractual Meeting)를 소집한다. 계약협상업무에 임해서는 신속하고 효율인 업무 수행을 위해 "일반공급 계약사항"과 "기술규격사항"을 다음과 같이 구분하여 각 전담부서에서 추진토록 한다.

① 계약 관련 부서 : 계약금액, 지급조건, 계약이행 보증금, 선적조건, 보험, 지체상금, 세금 관련 사항 등

② 기술 관련 부서 : 공급범위, 계약자 간 공급한계(Terminal Point), 기자재 납기(Delivery), 성능보장, 공장/현장시험, 도서제출목록/일정 등 전반적인 기술사항

발주자 입장에서 볼 때, 계약협상은 기본적으로 ITB를 기준으로 진행하여야 한다. 다만, 계약협상을 수행하면서 주의하여야 할 점은, 계약이 체결된 이후에는 특별한 경우를 제외하고는 계약내용의 수정변경이 매우 어려우므로, 계약문구의 미세한 부분까지 사전에 철저하게 검토해둔다.

계약서 문안작성과 관련해서는, 향후 계약 사후 관리과정에서 계약당사자 간에 해석상의 차이로 분쟁 소지가 발생되지 않도록 가급적 간결 · 명료한 문구를 사용토록 한다. 그리고 계약협상 시 합의된 사항에 대해서는 회의록으로 작성하여 회의 참석자 모두의 서명을 받은 후, 잘 보존 관리함으로써 계약 사후 관리업무 수행 시 참고토록 한다. 양 당사자 간에 계약협상 안건, 계약서류, 계약서 문안 등에 대하여 모두 합의점에 이르면 계약협상업무는 종료된다.

2. 계약체결 및 계약발효

계약협상 시에 합의한 계약서 문안에 양사 대표자가 서명을 함으로써 계약이 체결됨과 동시에 발효된다. 계약이 발효되면 발주자는 계약자가 입찰 시에 제출한 입찰보증금(Bid Bond)을 해제하고, 계약자에게는 계약업무를 착수할 수 있는 근거가 제공되는 것이다.

그런데, 어떤 사유로 계약발효가 지연될 경우 발주자는 계약상대자에게 사업착수 지시서(ATP ; Authorization to Proceed) 또는 NTP(Notice to Proceed)를 발급하여, 기자재 설계 제작업무가 지연이 되는 것을 방지하여야 한다. 계약이 체결되면 계약체결 사실을 관련 부서에 통보하여, 계약 사후 관리업무를 수행토록 한다.

3. 기자재의 설계, 제작 및 납품

계약이 발효되면 계약자는 기자재 설계 제작 업무에 착수하게 되며, 계약서에 명시된 요구조건에 따라 제작도면의 승인 및 공장시험 과정을 거친 후, 납품일정에 따라서 해당 자재를 사업소 현장 또는 계약서에 지정된 장소까지 납품한다.

4. 기자재의 설치 및 시운전

현장에 반입된 기자재는 저장 창고 또는 일정한 야적 장소에 저장해 두었다가 기자재별 시공 일정에 따라 시공업체에 의해 설치하게 된다. 공정작업이 막바지에 이르게 되면 단위기자재별, 단위공정별로 순차적으로 시운전을 시작하여 최종적으로 발전설비 전체를 대상으로 종합 시운전 단계에 이르게 된다.

5. 계약의 종료

발전소 단위 호기별 종합 시운전과정이 끝나면, 신뢰도 운전, 발전출력 및 효율시험 등 제반 성능시험을 실시한다. 성능시험 결과 계약조건과 동등 이상으로 입증되고, 계약서에 명시된 제반 계약의무조항이 모두 완료되면 당해 사업이 성공적으로 종료된 것으로 보고, 설비 인수 통보서를 해당 계약자에게 통보함으로써 계약이 종료된다.

4 구성체계

일반적으로 대부분의 기자재 구매사양서는 "일반계약조건(GTC ; General Terms and Conditions)"과 "기술규격사항(Technical Specification)" 2개의 장이 합쳐져 하나의 계약서를 이루고 있다. 또한 각 장은 공통적으로 일정한 순서와 구성체계를 갖추고 있는데, 그 구성체계는 다음과 같다.

[1] 일반계약조건

1. 계약서 구성문서 명시

GTC와 부속서류(기술규격서, 설계도면 및 기타 문서)

2. 계약 문서 간 상호 불일치 시 효력 우선순위에 대한 규정

(1) 국문계약서와 영문 해석판의 불일치 시 어느 것을 기준으로 할지에 대한 사전 규정
(2) GTC와 부속서류의 불일치 시는 GTC가 우선 적용

3. 계약서 내용이 불분명한 것에 대한 해석

발주자의 의견을 우선시하며, 해석의 준거법은 대한민국의 법률로 한다.

4. 계약변경에 관한 사항

(1) 발주자에게는 임의성을 부여하여, 하시라도 일방적 계약변경이 가능토록 하되, 가격 또는 납기변경을 초래할 경우는 상호협의 조정토록 함
(2) 계약자는 가격, 품질 및 납기일에 영향을 주지 않으면서, 발주자의 동의를 받는 경우로 엄격히 제한함

5. 기자재 인도조건에 대해 명시

(1) 국내 조달인 경우는 공장 상차도로 할 것인지 또는 현장 하차도로 할 것인지 규정
(2) 외국수입품인 경우는 FOB로 할 것인지 또는 CIF로 할 것인지 규정

6. 기자재 소유권 이전(Passage of Title) 시점 명시

외국수입품인 경우는 외국항 FOB, 국내조달품인 경우는 공장 상차 인도 시에 기자재 소유권이 계약자로부터 발주자로 전환

7. 하도급계약조건(Subcontract) 명시

계약자는 계약 의무조항 일부를 발주자가 승인한 업체에 하도급할 수 있으며, 이 경우 하도급 품목 및 역무에 대한 최종 책임은 계약자가 부담

8. 계약금액의 명시

(1) 국내외 조달 구분에 따라 원화(₩) 또는 외화(US) 구분 명시
(2) 계약금액을 확정분 및 잠정분으로 구분하여 명시
  1) 확정금액(Firm Price) : 기자재대
  2) 잠정금액(Provisional Sum) : 예비품비, 기술감독용역비, 훈련비 및 특수공구비 등

9. 대가 지급조건에 대한 규정

(1) 일반적으로 계약금은 시차를 두고 착수금, 선적불 및 최종불로 나누어 지급
(2) 확정분은 선적불에 의해 지급되며, 잠정분은 실적정산에 의한 기성고로 지급

10. 인수통보조건에 대한 규정

(1) 계약의 종료시점은 발주자가 인수통보를 발급한 일자로 명시
(2) 인수통보는 하자보증조건 외에 계약서상의 모든 의무조항을 완전 이행 시에 발급토록 명시
(3) 인수통보 효과로써 계약자는 계약서상의 모든 책임을 면하게 되며, 하자담보책임 기간의 기산시점임

11. 지체상금(Liquidated Damage) 조건에 대한 규정

계약자의 귀책으로 인해 기자재 납기 지연이 발생하면, 지연된 일수만큼의 일정액의 지체상금을 부담토록 규정함

예 기자재 납기 지체 시에는 지체 1일당 해당 기기가액의 0.15%, 상업운전 지체 시에는 지체 1일당 호기별 계약금액의 0.1%, 지체상금의 총 한도는 총 계약금액의 15% 내로 함

12. 성능보증조건에 대한 규정

계약서에 명시된 최대정격출력, 열효율 등에 대한 보증치 미달 시에는 벌과금을 부과토록 명시함

예 미달치가 보증치의 2% 이내인 경우는 매 미달치 0.1%에 대하여 각 호기별 계약금의 0.1%를, 2%를 초과한 경우는 계약금의 0.2%를 발주자에 보상. 또한 미달치가 3%를 초과한 경우 발주자는 인수를 거절할 수 있도록 규정

13. 하자보증조건에 대한 규정

(1) 계약종료 후 일정 기간 동안(통상 2년) 기자재 및 성능 관련 계약자에 대해 하자담보 책임을 물을 수 있도록 규정
(2) 하자보증기간은 인수통보일로부터 2년 또는 12,000시간 운전 중 후 도래일로 함
(3) 하자 대상 : 자재 불량, 설계 불량, 기술감독용역 불량, 도면/지침서 불량, 성능미달 등

14. 불가항력(Force Majeure) 조건

천재지변, 전쟁 발생, 혁명, 노조 파업 등으로 인해 계약상의 의무를 이행할 수 없을 경우, 그 기간만큼 계약상의 의무는 중지

15. 계약의 해지(Termination)

계약자가 해산(Liquidation), 영업정지 또는 중대한 계약위반 시 발주자는 계약을 중도 해지할 수 있도록 규정

16. 보험 관련 조항

기자재의 운송 및 설치기간 동안의 불의의 사태에 대비하여 가입하는 보험의 종류, 조건, 계약당사자의 협조사항을 명시

17. 품질보증조항

(1) 품질에 대한 총책임은 계약자가 부담
(2) 발주자는 품질점검, 입회, 검사권한을 갖되, 계약자가 이를 이유로 면책 주장을 할 수 없도록 규정

18. 특허권 침해(Infringement of Patent)

기자재 공급과 관련하여, 계약자는 국내외의 특허권 침해 소송으로부터 발주자를 보호할 수 있도록 규정함

19. 책임한계(Limitation of Liability)

계약자는 총계약금액 한도 내에서 책임을 지고, 하도급자 귀책에 대하여도 책임을 지며, 책임 종료 시기는 하자보증 종료일로 함

20. 계약이행보증금(Performance Bond)

계약자는 계약발효와 동시에 총계약금액의 10%를 발주자를 수익자로 하는 취소 불가한 보험증권 또는 은행지급보증서를 계약이행보증금으로 제공하고, 기간은 통상 하자보증 종료일까지로 함

[2] 기술규격사항

현장의 실무담당자가 기술규격서(Technical Specification)를 가지고 계약내용을 파악하고자 할 때, 우선 해당 기자재 구매사양서의 구성체계가 어떤 순서로 작성되어 있는지 숙지하고 있으면, 신속한 업무수행에 많은 도움이 될 수가 있다. 일반적으로 대부분의 기자재 구매사양서에 포함된 기술규격서는 공통적으로 다음과 같이 일정한 순서와 구성체계로 나열되어 있다.

- 공급범위(Scope of Supply)
- 관련 규격 & 기준(Codes and Standards)
- 현장 주변 환경조건(Conditions of Service)
- 일반 설계 요구조건(General Design Requirements)
- 부속 도면 및 기술자료(Attached Drawings and Technical Data)

1. 공급범위(Scope of Supply)

대부분의 기자재 구매계약서에 있어서 공급범위 관련 사항이 계약서 첫머리에 기술되고 있으며, 또한 공급범위는 계약금액의 규모를 결정하는 가장 큰 요소이다. 공급범위 항목에서는, 계약자가 공급하여야 할 상세명세(Items Included), 공급하지 않아도 되는 품목(Items Not Included), 예비품목 및 특수공구, 설치조건 여부, 공급한계(Termination Point), 기술감독 파견 여부, 발주자 기술자의 교육훈련 등을 용이하게 파악할 수 있도록 기술되어 있다.

2. 관련 규격 & 기준(Codes and Standards)

KS, KEPIC, ANSI, ASTM, IEEE, NEMA, ISA 등 국내외 관련 규격을 계약서의 일부로 명시하고, 계약자가 기자재 설계제작 시에 관련 규격을 적용하도록 규정하고 있다.

3. 현장 주변 환경조건(Conditions of Service)

발전소 주변의 자연지리 조건, 기상 기후, 최소 최대 대기 온도조건, Utility 공급원, 수질 환경, NOx, SOx, CO, 미세먼지, 소음레벨 등 환경규제사항을 명시하여, 주변 환경의 악조건이 기자재 설계제작 시 반영되도록 한다.

4. 일반 설계 요구조건(General Design Requirements)

기자재 설계제작과 관련한 일반설계 기준, 재질, 치수, 페인팅, 운전유지보수, 기술감독용역, 품질보증과 관련된 공장시험 및 현장시험 등 기술사항 전반 요구조건에 대해 기술한다.

5. 부속 도면 및 기술자료(Attached Drawings and Technical Data)

기자재 설계제작과 관련한 Tech Data Sheet, P & ID, Outline DWG, Equip't Arrangement DWG 등을 계약서에 첨부하고, 필요에 따라 입찰 시에 계약자가 제출한 기술자료 등을 함께 첨부한다.

5 계약 사후관리업무

[1] 일반사항

계약체결 이후 계약 사후관리업무는 일반적으로 착수회의(Kick-off Meeting)를 개최하면서 시작된다. 따라서 계약발효가 이루어지면, 공정 준수를 위해 가급적 빠른 시일 내에 관련사(사업주, A/E, 계약자) 간에 착수회의를 소집하여야 하며, 착수회의에서는 통상 다음과 같은 사항들이 논의된다.

- 각 관련사 사업관리조직(Project Organization) 소개
- 관련사 간의 업무연락체계, 일반도서 작성 및 승인 절차
- 사업추진일정, Engineering Detail Schedule, Manufacturing Schedule
- Project Numbering System 부여 체계
- 기타 월간 진도보고서 작성에 관한 사항, 계약자가 제시한 안건 등

[2] 부서 간 업무분장

1. 계약 관련 부서(물품조달부서)

계약 관련 부서는 주로 일반 공급계약조건에 관련된 업무를 수행한다.

(1) 계약이행보증금(Performance Bond : P-Bond)의 징구(계약자 → 사업주)
(2) 대가지급조건 약정에 따라 계약자에게 대가를 지급(발주자 → 계약자)
  1) 선급금(Advanced Payment) 지급(통상 총계약금액의 10~30%)
  2) 중도금 : 60% 한도에서 선적불 또는 Progress Payment 지급
  3) 최종불 : 계약 종료 시 잔금 10% 지급
(3) 인수통보서의 발급 : 성능시험(Performance Test) 결과가 계약서에 명시된 성능조건에 부합되고, 하자 보증사항을 제외한 계약서상의 계약자 의무사항이 전부 완료되었을 경우 사업주는 계약자에게 인수통보서를 발급
(4) 하자보증금 유치(총 계약금액의 5~10%)
(5) 계약이행보증금(P-Bond) 해제 및 계약종결 처리

2. 기술부서

(1) 도서 제출일정에 따라 계약자로부터 접수되는 각종 도서에 대한 검토 · 승인 회신처리
(2) 기자재 품질보증업무 수행
  1) 제작자 공장시험(Factory Test or Shop Test) 입회
  2) 현장시험(Field Test) 수행
(3) 시운전(Commissioning) 및 성능시험(Performance Test) 수행
(4) 상업운전(Commercial Operation) 개시
(5) 사업소 건설조직 해체(발전소 운용유지업무 운용유지부서로 이관)

6 Instrumentation and Control System RFQ 작성 사례

[1] Scope of Supply

1. Items Included(for One Unit)

(1) This specification is applicable to design, furnishing, test and delivery of instrumentation and control system, components, associated piping or tubing, panel, wiring and accessories as required by the system furnished under the contract.

(2) Any omission in this specification shall not relieve the Supplier of his obligation to furnish system designs that are complete, including the interfaces with the related controls, and to furnish the equipment that operate in a satisfactory manner. Therefore, additional designs or equipment required to satisfy the high efficiency, safety and stable operation requirements shall be provided at no additional cost both before and after placing the plant in commissioning.

(3) The control system shall be designed with the consideration of T/G, BOP and package system for complete and sound operation of the overall plant. The Supplier shall be responsible for tuning, correcting, improving and revising his control equipment and engineering works and commissioning.

(4) The control system shall interface with OWNER's central automatic load dispatching system(ADS) and shall receive from and transmit to ADS control commands, major process parameters and status signal.

(5) The Supplier shall establish necessary coordinated control and monitoring interfaces between OWNER's main control system and also establish necessary signal interfaces to monitor overall plant common facilities between main control system and other units

(6) The Supplier shall provide the information, data, control design requirements, recommendation for instrumentation and controls of those equipment which are related with the sound plant operation.]

(7) The Supplier shall provide the intelligent logic to alarm and protect the plant process and major equipment from malfunction or accident with such as comparing the trends between normal and abnormal status of high pressure oil system and comparing between demand signal and feedback signal of major valves, etc..

(8) Fault-tolerance through redundant data highway communication system including data communication shall be interfaced to the foreign control and monitoring system. All hardware, software and responsibility for the establishment of digital data communication link between the control systems such as turbine-generator control system, Vibration monitoring system and Auxiliary monitoring systems, etc.(refer to the communication interfaces on the DCS configuration drawing).

(9) Communication cables, interconnection cables(control & power) and prefabricated cables. System cabinets and marshalling cabinets, power distribution panels.

(10) Flue gas monitoring system for combustion control and pollution monitoring

(11) All accessories for installation of above instruments such as pre-insulated heat traced impulse line and fitting, air piping and tubing, valves, supports, and others as necessary. All local junction boxes and instrument cabinets in which grouped instruments, test valves and fitting, terminal board, air manifolds, filter regulators and space heater shall be orderly installed for proper operation and easy maintenance. The specification of the above materials shall be subject to OWNER's approval and shall be installed by Supplier.

(12) Local junction boxes and cables from field instruments to local junction boxes

(13) Spare parts, special tools including commissioning tool and automatic tuning device, etc. and test equipment including trouble shooting devices.

(14) Consummable parts

The Supplier shall provide printer paper(more than 10 Boxes for the line printer, 5 Boxes A4 size for the laser printer) and inks(more than 10 sets for Line printer, 5 sets for Laser printer, 5 sets for color printer) as consumable parts timely.

(15) Factory(Shop) and Field test

Factory and field test of the control system shall be performed in accordance with the requirements of appendix.

(16) Dispatching of technical service engineers for installation, initial operation, testing and commissioning, etc.

(17) Complete documentation

① The Supplier shall provide the complete documentation for the control system as follows ;

- Control logic and sequence diagrams(based on ISA standard)
- Control loop diagrams(based on SAMA standard) and system descriptions
- I/O(Input/Output) lists
- Design requirements for BOP and package system control
- Equipment list for control system and local control panel
- SOE points list
- Set point list
- Duplicated and triplicated instrument lists
- Calculation sheets for control valves, flow element, etc.
- Instrument list and data sheets
- Control room layout drawings
- Outline drawings for control room and local control panel
- Internal wiring diagrams and External connection diagrams
- Instrument installation and location drawings
- Operation and maintenance instruction manuals
- Water quality sampling point list
- Pipe plan and/or ISO drawing showing all instruments tap points and location
- Local junction boxes, local instrument cabinets and panels drawings

② All of control system's documentation as required in technical specification.

(18) Training service for OWNER's operators, engineers and maintenance personnel. Training service of the control system shall be provided in accordance with the requirements.

2. Items Not Included

The following control equipments will be supplied by Others. However, the Supplier shall have the responsibility for coordination with these equipments.

(1) DEHC for steam turbine and BFPT

(2) Field instruments/drives for the BOP, FGD, EP, ASH, CPP, DF, HVAC and Air compressor system

(3) All field external cables and wiring from junction boxes control system's marshalling cabinets.

[2] Codes and Standards

Equipment shall be designed, built, rated, tested, and shall perform in accordance with the following latest applicable code and standards. The latest edition and addenda of the above publications in effect on the date of Contract Award are part of the Specification. The equivalent codes and standards may be used. However, the equivalency must be demonstrated to the satisfaction of OWNER. If codes and standards are different from each other, the codes and standards shall be applied after OWNER's approval.

1. American National Standards Institute(ANSI)

ANSI C37.90.1 Surge Withstand Capability Tests for Protective Relays and Relay Systems

2. American Society of Mechanical Engineers(ASME)

ASME B16.11 Forged Fittings, Socketwelding and Threaded
ASME SEC V Nondestructive Examination
ASME PTC 19.11 Steam and Water Sampling, Conditioning, and Analysis in the Power Cycle(Performance Test Code)

3. American Society for Testing and Materials(ASTM)

4. Instrument Society of America(ISA)

Section III Standards and Practices for Instrumentation
ISA S5.1 Instrumentation Symbols and Identification
ISA S5.2 Binary Logic Diagrams for Process Operations
ISA S5.4 Instrument Loop Diagrams

5. Institute of Electrical and Electronics Engineer(IEEE)

6. National Fire Protection Association(NFPA)

7. National Electrical Manufacturers Association(NEMA)

NEMA 250 Enclosures for Electrical equipment
NEMA MG1 Motors and Generators

8. Scientific Apparatus Makers Association(SAMA)

SAMA PMC 20－1 Process Measurement and Control Terminology

9. KEPIC(Korea Electric Power Industry Code)

[3] Conditions of Service

1. Utilities

Readily available utilities are shown below ;

(1) Dry, oil－free instrument air of 5.0 to 8.8 kg/sq.cm gage and service air of 5.0 to 8.8 kg/sq.cm gage
(2) Water with a variety of qualities, pressure and temperature
(3) 120V±10%, AC, 1－phase, 60Hz for control source
(4) 250V, DC, nominal 210V to 280V range for control source
(5) 125V, DC, nominal 105V to 140V range for control source

The above power sources are subject to voltage dips, swings and interruptions up to 2 seconds. The Supplier shall submit the power consumption required for the operation of the package system.
The Supplier shall be responsible for any additional or special sources required for his system other than the above sources.

2. Environmental Conditions

(1) Air-conditioned main control room and electronic room will be provided, however, for those periods of time when air-conditioning unit is out of services, the ambient temperature may range between 4 deg.C and 50 deg.C and the relative humidity between 5% and 95% throughout this temperature range.

(2) The field mounted equipment(transmitters, drives, etc.) shall be designed to operate in ambient temperatures between -20 deg.C and 40 deg.C and relative humidity between 5% and 100% throughout the temperature

[4] Design Requirements

1. General

(1) All instrument and control systems shall be designed, supplied to operate accurately and safely under the operating conditions specified in paragraph 3, "CONDITIONS OF SERVICE," without experiencing undue strain, wear, heating, vibration, corrosion or other operational difficulties.

(2) Flue gas monitoring system shall include one set of SOx, NOx, O_2, CO analyzer and dust analyzer.

(3) Design of the control system shall permit maintenance by substitution of replacement modules or cards or redundancy back-up, without causing the system or plant shut-down.

(4) All parts subject to high pressure and temperature or other severe duty shall be of the best material for the service.

(5) The Supplier shall maintain his own service organization in KOREA, so that immediate after service can be provided whenever he is informed of troubles on the analyzers. However, the contractual responsibility shall be born by the Supplier directly by OWNER.

(6) OWNER's identification and numbering system procedures shall be used for drawings, documents, LCD display and logging in accordance with Appendix D2.

The all equipments supplied by the Supplier including cabinets and control room equipments, etc. shall be equipped with nameplates so as to allow correct installation, easy testing and efficient maintenance. The size, material and text of name plates shall be submitted for approval at detail design stage.

(7) Local analyzer cabinet shall be weatherproof and be complete with lightning protection and all necessary heaters, wiring, tubing, vents, and accessories. The Supplier shall also provide shelters which include air and humidity conditioner to protect cabinets from corrosion or deterioration. The cabinet shall be front access allowing total access to cabinet interior and contain all the pollution analyzers. The Supplier shall provide the surge arrestor, be located between DCS and local analyzer cabinets, to protect DCS from lightning.

(8) The flue gas monitoring system shall have the capability of individual analyzer remote calibration via the telemetering system from the other area. The Supplier shall provide data logger, FEP, multi-porter and modems for telemetering system of OWNER, and also provide a flow measurement and a temperature measurement, etc.. The telemetering system of the communication protocol is subject to OWNER's approval at the detail design.

(9) The SOx/NOx monitor shall be suitable for continuous monitoring of the stack gas in concentrations of "0 to 200ppm" and "0 to 500ppm" by weight, by means of a dual-range calibration selector switch. The sensor measurement shall be ultraviolet method.

(10) In general, the equipment layout and arrangement shall conform to the Supplier's standard practice, subject to OWNER's approval of all layout drawings before fabrication.

(11) The details of all installed systems shall comply with applicable codes and standards.

(12) Equipment shall be arranged to prevent hazard to personnel or damage to major equipment in the event of mechanical failure or loss of power.

(13) Adequate spacing shall be provided for personnel performing operating or maintenance procedures and for servicing, maintaining, removing, and replacing components.

(14) Where instrumentation is elevated or arranged so that it is not accessible from a floor or major structure, the Supplier shall supply permanent platforms, ladders and components.

(15) If possible, local indicating instrumentation shall be visible to the operator from the normal floor level.

(16) Critical measurements shall employ triple redundant measuring loop. Each measurement signal shall be fed into each separate input card and be compared with each other to generate an alarm when the deviation among the three measurements exceeds the allowable limit. Critical measurements shall include furnace draft, main steam pressure and temperature, reheat steam temperature, turbine first stage pressure, feedwater flow, air flow, hot air to furnace differential pressure, etc..

(17) The bunner control system shall be triggered by two－out－of－three logic circuit to avoid spurious trips. Whenever practical, the tripping devices such as sensors and actuators shall be independent of control and monitoring equipment and shall be designed using a energize to trip philosophy. Fuel safety system shall be operated in conjunction with the turbine tripping system provided by turbine generator package system Supplier. The Supplier shall follow the latest recommendations of NFPA and his own operating experience and practices to ensure that the entire plant is protected against damage by implosion or explosion. The Supplier shall describe his normal operating practices which differ from the current NFPA recommendations.

(18) The control shall be designed with interlocks to maximize safety and to prevent or minimize control action from creating an unsafe condition upon component malfunction or incipient hazard due to failure of other related equipment.

(19) The control system shall be provided in order to minimize operator intervention. All control equipment shall be capable of manual operation through the main control room's LCD monitors/Keyboards and mouses.

(20) The OIS shall allow the operator to perform control actions, request specific information, displays and alarm function. All OIS shall have the capability of above functions. The system shall be an on－line real－time display system to provide the operator, either automatically or on demand, up－to－date information regarding the status and operating condition of the plant processes. The database and real－time displays shall be updated to ensure

that no data used or displayed is more than 1 second old in real time.

(21) The following shall be considered in the design as a minimum but not limited to :

① Maximum safety for the equipment and plant personnel.

② Accurate, safe and reliable operation of the plant under all operating conditions.

③ High equipment availability.

④ The equipment shall be operated under all specified condition(start-up, normal operation, disturbances and shut-down) automatically and/or by remote manual control from the main control room.

(22) I/O system shall be cabinets type, consisting of input/output modules and wiring terminations for process sensing and control equipment interface.

(23) The I/O system shall be capable of supporting process signals from all types of sensors and contact devices without requiring external or auxiliary signal conditioning devices. All input/output signals shall be decoupled in a suitable way with software filtering for each analog or digital card. The design of I/O sections shall allow easy separation of the field wiring during the loop checkout. This section shall protect the I/O circuits from transient and limit damage to a single I/O points or I/O card. Failure of any I/O card shall not affect any other loops in the controller. I/O section shall also perform self-diagnostics and provide error and alarm status on the LCD monitor.
The Supplier shall guarantee that accidental connection of non-instrumentation voltages or electrical interference shall not damage the system electronics or cause incorrect encoding data.

(24) Standard I/O modular, "plug-in" components shall be provided. Field wiring shall be terminated in screwed or maxi terminal block and interconnected to the processor I/O system.

(25) The Supplier shall make provisions for terminating and grounding individual shield and overall cable shield wires. These shield wires shall be grounded properly.

(26) All analog inputs shall be separately fused and isolated. All digital inputs and outputs shall be optically isolated.

(27) The isolation of the interfacing signals shall be made by Supplier's system when Supplier's systems interface with the other Supplier's system.

(28) Input/Output cards should include the following requirements, but not be limited to :

① Analog input card

Passive or active 4－20mA, generally 24V DC, loop power for 4－20mA, 2－wire transmitters shall be furnished by the control system.

② Analog output card

Capable of driving up to 600 ohms total loop resistance at 4－20mA, 24V DC loop power shall be furnished by the control system.

③ Digital input card

Capable of receiving 24VDC as input "1" and open circuit(infinite resistance) as "0". Generally, sense voltage(24V DC) to field contacts shall be provided by the control system.

④ Contact sequence of events(SOE) input scanning requirements

- The system shall provide a digital fast scan for the quantity of high speed sequence of events alarm contacts.
- All SOE inputs shall have the attributes of digital inputs as well as SOE requirements without extra OWNER's wiring.
- The Supplier shall provide at least 400 total points per unit of sequence of event inputs with a maximum system wide resolution of 1 msec between events.
- The Supplier shall supply the same contact sensing voltage as for contact inputs.

⑤ Digital output card

Digital outputs shall be fitted when needed with interposing relays with isolated contact of a switching capacity adapted to the load of the connected device. DPDT output relays shall be provided and shall be rated for 10A at 120VAC or 5A at 125VDC respectively. The relays shall use the same plug－in base so they are interchangeable.

⑥ Conversion accuracies(A/D, D/A) shall be as follows :

- Resolution : 12 bits
- Linearity : ±1 least significant bit(LSB)
- Accuracy : ±0.1% full scale range over entire operating temperature range

(29) Distributed Process Controller(DPU)

① DPUs shall be of microprocessor based electronic modules for closed loop controls, open loop controls and interlock and for interfacing with the system communication channel. The DPUs shall functionally perform closed loop control, open loop control, sequence control, data acquisition, sequence of events and alarming applications. The controller shall be functionally distributed, highly modular and arranged in a hierarchical structure closely reflection the functional grouping of the plant equipment to be controlled. The process controlling cabinet(s) for FGD system, EP system, Ash handling system, Air compressor, CPP/CF, CTCS, DF and HVAC system including I/O cards shall be installed in each local room. The remote I/O cabinets for SLPs system shall be installed in local room. All process controller shall not be loaded greater than 60% and have 40% spare memory.

② Redundant requirements for the process controllers

In order to ensure the highest system availability, the system shall be configured such that no single component failure, with the exception of individual I/O module, can prevent a necessary control action or cause any part of the system to become unavailable. All process controllers shall be provided with full redundant controller. Each of these full redundant controllers shall also be provided with its own dedicated communication controller for interfacing with the system bus. Either primary or backup controllers shall connect with data highway so that each controller can maintain fault－tolerance through redundant data highway even if either the primary or backup controller may be failed. The full redundant requirements mean that at the minimum the following components consisting of a controller shall be redundant : CPU, power supply, communication card, memory, I/O handler and etc.. The redundant controllers shall access simultaneously the field data and if one(1) controller fail, the other controller can perform automatically the functions of controller without bump. The system's redundancy scheme shall be such that the transfer from any element to its redundant backup and reset from backup to primary is performed automatically without any upset to the process, or other function. Automatic transfer from any element to its redundant backup shall be alarmed. The system shall be arranged such that a failed component can be replaced while the system remains on line. There shall be no interruption of system operation in order to restore the system to its original redundant operation. The critical closed and open loop drive level controller modules for Boiler and BOP shall be provided with redundant modules. The Supplier shall submit the redundant modules list for OWNER's approval at detail design stage.

(30) Grouping of process controllers

The grouping of process controllers shall meet the following requirements :

① Independent and dedicated controllers(main controller) including I/O cards, devices and other hardware shall be provided. Each controller shall be provided with its own dedicated communication controller for interfacing with the control system bus.

② Intermixing of hardware between any two groups shall not be acceptable basically. The I/O points and control function shall be grouped functionally and physically on the basis of the train concept. For example, I/O and controller module for BFPT－A shall be separated from those of BFPT－B. The functional separate design is to facilitate the failure of one controller of I/O card will not affect the group of equipment performing the same function. Such splitting of groups shall be subject to OWNER's approval and without any price adjustment.

(31) Communication System

① The communication system shall have fault tolerance through redundant highway system and redundant electronics. Transfer to the back－up communication channel shall be automatic without disturbing the system operation. Each communication unit shall be micro－processor based on.

② Communication between the various equipments of the control system shall be ensured by the redundant internal communication network. The design of this network shall make full use of optical fiber and optical technology in order to achieve high immunity to electromagnetic.

③ The redundant networks shall automatically and continuously be checked for operability. No manual intervention shall be required to perform this check or to restore operation to a previously faulted network after completion of repairs.

④ All communication systems shall be designed and operate with a load no more than 30% to 50% under the worst condition.

(32) Data communication interface to foreign devices

① The Supplier shall have a responsibility for the establishment of data communication link between the control system and foreign devices(other DCS, PLC) for control and monitoring including all hardware, software and technical service for the communication interface.

② The Supplier shall supply all data communication interfaces device and cable interface device for foreign device control and monitoring system.

③ The Supplier shall submit requirements(documentations, etc.) to be provided by other control system Supplier such as configuration drawings to be shown scope of supply, technical specifications, and scope of responsibility for data communication interface with other control system.

④ Data communication interfaces shall be fully bidirectional and shall operate at adjustable data rates.

⑤ The Supplier shall provide data communication interfaces of the following other control systems.

• T/G control system(redundant data communication)

• Vibration monitoring system

• Coal flow monitoring system

• Others

(33) Master clock for the time synchronizing

All of the Supplier's control and monitoring systems shall be so designed to allow time synchronizing by the Supplier's master clock in the system. Also, the Supplier shall take responsibility to provide eight(8) time synchronizing signal outputs and the related cables to the foreign control and monitoring equipment enabling time synchronizing of entire plant control system. The cable length for time synchronizing shall be settled in the detail design.

The foreign control and monitoring systems to be synchronized are as follows ;

• Turbine/Generator control system(by Turbine Supplier)

• Vibration monitoring system

• Others

The Supplier's master clock system shall also have interface facilities to receive time synchronizing signal from the global positioning system provided by OWNER. Technical requirements for the establishment of the synchronization shall be submitted.

(34) Communication cables, Interconnecting and prefabricated cables

① The Supplier shall provide all communication cables, interconnecting and prefabricated cables required for connections between the various physically separated Items in control system. Cable using plug－in connectors shall be completely fabricated by the Supplier and shall be utilized to interconnect the system.

② Prefabricated cables from the electronics room to the main control room shall be assumed 80 meters in length. The length of the data highway cables from the electronic room to remote I/O stations for SLPs system shall be assumed to be about 1800 meters long. The length of the data communication interface cables from the electronics room to each control and monitoring cabinet(mechanical packages) at field shall be assumed to be each 300 meters long. Actual cable lengths will be determined in the detail design.

③ Categories of cables provided by the Supplier shall include but not necessarily be limited to the following :

- Electronic cabinet to the termination cabinet.
- System cabinet to LCD monitor/keyboard.
- System cabinet to printer.
- Power feed cables from main power distributed board to peripheral.
- Data highway(Communication network) cables and communication cables for foreign control system interface.
- Control and power cables between system cabinets.
- System cabinet to engineering work station including peripherals.
- Control signal & power cables between system cabinet to the instruments and devices mounted on the console & supervisory board, and large screens.
- Control signal & power cables between system cabinets to the other control and monitoring devices and system located in the electronic room & between electronic room and main control room.

The Supplier shall submit the cable principle drawing which described the scope of supply, install, size and connection type, etc. for the interconnection, prefabricated communication, control signals and power cables at detail design stage.

(35) Grounding

① The Supplier shall design cabinet enclosure ground and system ground for the supplied system. The cabinet enclosure grounding will be provided by OWNER from the plant grounding mesh to the cabinets supplied. The Supplier shall provide and connect the cables for cabinet system grounding from the grounding boxes in the cable spreading room of main control building to each cabinet. Also, The Supplier shall provide the grounding boxes.

② When shielding terminations are required in cabinets, suitable terminals and supports shall be furnished adjacent to each input rack. Cabinet wiring by the Supplier shall include connection of the shield terminal to the cabinet grounding bus. Any internal component grounds or commons shall be the system ground, which shall be kept isolated from the cabinet enclosures ground.

(36) Power Supplies

① The Supplier shall provide the fully redundant power supply units operating in parallel to feed DC power sources for process controllers, I/O cards, field transmitters, interposing relays, etc., so that no single failure, either of power source or power supply unit, shall degrade or interrupt the normal functioning of any part of the DCS.

② The Supplier shall furnish distribution panel(s) to supply power for DCS, solenoid panels with interconnecting power cables, etc..

③ All power supplies shall be equipped with a short-circuit protection feature. For the purpose of plant safety, when the control power of cabinets for power distribution is fail, it shall be monitored and connected by hardwire to actuate MFT. The Supplier shall submit this configuration drawing for approval.

2. Failure Philosophy of Instrumentation and Control System

(1) The structure of the control system is largely dictated by the system failure philosophy which shall be based on the concept of gradual degradation of control under fault conditions. The control system shall comply with the following general failure criteria.

① No single fault shall cause the complete failure of the control system.

② No single fault shall cause the boiler protection system to spuriously operate or cause the protection system to become inoperative.

③ The control system shall be structured to reflect the redundancy provision of the plant so that no single fault within the control system can cause the failure of the duty plant and at the same time cause the standby plant to be unavailable.

④ If as a result of a control system fault, a control function cannot response to its controls at the drive level then that control function shall be caused to fail to safe condition.

(2) To meet the above failure criteria the control system shall incorporate self checking facilities so that internal faults can be detected within the control system itself prior to any resulting disturbance to the process.

(3) Two-out-of-three voting circuits shall be incorporated for critical field mounted sensing devices to prevent spurious unit trips.

(4) In case of electric power failure, or pneumatic power or signal failure, actuators such as all control valves, vanes and dampers, etc. shall be kept in safe position such as fail closed, fail open or fail locked in last position.

3. Performance Requirements

(1) The control system shall perform in a stable manner under steady state and transient conditions. When operating at steady-state conditions, the measured variables shall be controlled at set point without cycling, hunting, or other objectionable characteristics. The speed of response of the control system as a whole shall be fast enough to operate the main control, BOP and mechanical package system safely under any conceivable upset.

The control system itself shall not be a limiting factor on BLR, TG, BOP and mechanical package system operation.

① Response time

The control system shall exhibit response times which do not adversely impact the operation of plant equipment nor impede the operator's response to events. The maximum times defined within the technical data shall not be exceeded.

② System reliability

- The reliability of the system shall be demonstrated by an analysis of system availability during system design and by test upon installation in the plant.
- The guaranteed annual system availability shall not be less than 99.9%.

(2) Instrumentation and control system shall be capable of sustaining stable operation over the full load range without any upset or unstable operation.

(3) Power failure shall always be considered a recoverable system error. On loss of power, an orderly shut-down of the system shall be performed by the system, storing all volatile information and registers in non-volatile memory.

(4) The control system shall be immune to electromagnetic interference(EMI) and radio frequency interference(RFI) from devices 1m(one meter) away, operating at frequencies up to 450MHz and with power output up to 5 watts. Operation of devices previously described shall not cause incorrect or intermittent operation of any communication networks or of any system component. The Supplier's equipment shall not have RFI or EMI limitations which require installation or operational limitations, including restrictions on the use of walkie talkies near cabinets with open doors.

4. Unit and Scale

The following shall be considered the measurement reference data for this specification.

(1) Positive gage pressures : mmH_2O, kg/sq.cm gage

(2) Vacuum : mmHg, mmH_2O

(3) Temperature : degree C

(4) Flow

① Liquid : cu.m/h, t/h

② Steam and vapors : kg/h, t/h

③ Gases : N cu.m/h

④ Solids : kg/h

⑤ Slurries : kg/h

(5) Level : mm, cm, m, %

Scales shall be designed to read directly in engineering units, unless otherwise specified.

5. Symbols

In general, instrument symbols and identification for P & I diagrams and utility flow diagrams shall be as indicated in ISA.

6. Languages

All documents, instructions, legends, charts, scales, and name plates shall be in the English language, unless there wise specified.

7. Electrical Requirements

(1) Electrical transients

The system shall be supplied with provisions for protecting against system errors and hardware damage resulting from electrical transients on power or signal wiring. These transients include those generated by switching large electrical loads, by power line faults, and due to lightning strikes which induce surges on power or signal cables.

(2) Signal and AC ground

The Supplier shall specify all signal and power grounding and ground separation requirements for his system.

OWNER will provide isolated signal and power ground connections within the control center and remote locations. Both will be tied together at a common ground outside the building(s).

8. Field Instrumentation Requirements

(1) General

① All instruments shall withstand pressure equal to 150% of the maximum process pressure without affecting their calibration.

② Package system control panels or cabinets or racks to be located in the vicinity of the equipment will be subject to similar environmental conditions. Where special consideration of environmental conditions is necessary, the Supplier shall state in his proposal.

③ All devices shall be cooled by natural ambient convection which shall not affect their operation or life of their components.

④ Instrument scales shall be calibrated in correct engineering units of the indicated variable. Materials of other than case shall be suitable for the service condition.

⑤ Five(5) way manifold valve for pressure differential instruments shall be supplied. Overpressure and vacuum protection shall be provided where required. The pressure gauge should have a full scale pressure such that the operating pressure occurs in the middle half(25~75%) of the scale. If the proof pressure of pressure gauge can not meet the maximum design pressure, the Supplier shall provide an appropriate gage protector. Protection against set－point drift shall be provided for pressure switches.

(2) Pressure indicator

① Dial size : 100mm or 150mm round dial

② Connection : Bottom connection, back connection for panel mounting

③ Accuracy : ±1.0% of full scale

④ Range : 1.5 times of max. operating pressure

⑤ Bourdon tube : Maker's standard.

Bellows type shall be used for pressure below 0.67 kg/sq.cm gage

⑥ Color

- Case : Black
- Dial face : White
- Figure : Black
- Graduation : Black(Red in vacuum zone)
- Pointer : Black

(3) Pressure switches

① Switch : Microswitch, 2 SPDT or DPDT

② Interrupting rating : 6A 120V AC, 0.5A inductive 125V DC

③ Performance

- Repeatability : ±1.0% of full scale
- Deadband : within ±5.0% of full scale
- Housing
  - Enclosure : NEMA 4, water and dust tight
  - Connection : At bottom
  - Pressure element : 304 or 316 stainless steel
  - Process connection : 1/2" NPT

(4) Pressure differential indicator and switches

① Dial : 150mm diameter with 270 degree scale

② Dial face : White with black markings and pointer

③ Performance

- Indicator accuracy : +1.0% of full scale
- Repeatability : +1.0% of full scale
- Deadband : within ±5.0% of full scale
- Housing : NEMA 4, water and dust tight
- Differential pressure element : 304 or 316 stainless steel

• Switch assemblies
  – Switches : Microswitch, 2 SPDT or DPDT
  – Interrupting rating : 6A 120V AC, 0.5A inductive 125V DC
  – Process connection : 1/2" NPT

(5) Temperature instrument

1) General

All temperature detecting element sensors shall be provided with protection wells. The instrument tag number shall be engraved on all thermowells and thermal sensors head in accordance with OWNER's numbering procedure. Thermocouples and compensating lead wire shall comply with ISA standard and the terminal material of thermocouple shall be same as the compensating lead wire. Thermocouple compensating lead wire used to 220 deg.C or more condition shall be of heat resistant type. Temperature transmitters shall be of smart type with HART protocol, compact two wire temperature transmitters, offering ultra high performance, together with linearization of 4~20mA output and have the function of input/output isolation. They shall be calibrated by configuration hardware. Configuration hardware shall be provided by the Supplier. Temperature transmitters shall be provided with reference (cold) junction temperature compensation circuits. Thermocouple shall have dual elements with spares connected to terminals in the connection head

2) Thermometers

① Bimetallic requirements
- Dial : 100mm or 150mm, direct reading
- Zero adjustment : External
- Dial face : White with black markings and pointer
- Connection : 1/2" NPT
- Accuracy : ±1.0% of full scale

② Filled system requirements
- Dial : 100mm or 150mm, direct reading
- Mounting : Remote
- Dial face : White with black markings and pointer
- Connection : 1/2" NPT
- Accuracy : ±1.0 of full scale
- Material : Stainless steel with armored capillary

3) Temperature elements

① Thermocouples

- Type : ISA E type(spring loaded, ungrounded dual element) with thermowell, as required.
- Wire size : More than 0.8 sq.mm
- Cover type : Stainless steel screw type with O−ring gasket with link chain
- Thermowells : Material and design rating to be compatible with process piping system

② Resistance temperature detectors

- Type : Dual element, 3 wired RTD's with thermowell, as required
- Calibration : Platinum 100 ohm at 0℃, Copper 10 ohm at 0℃
- Accuracy : ±0.1%
- Insulation : Compacted mineral
- Connection head
- Enclosure : NEMA 4, water and dust tight
- Thread size : 1/2" NPT

4) Temperature Switch

① Switch : Micro−switch, 2 SPDT or DPDT

② Interrupting rating : 6A 120V AC, 0.5A inductive 125V DC

③ Repeatability : +0.1% of full scale

④ Housing : NEMA 4, water and dust tight

5) Temperature Transmitter

① Type : Smart type(HART protocol)

② Output : 4 to 20 mA DC, two wire

③ Power Supply : Remotely mounted and supplied by the Supplier

④ Accuracy : ±0.1% of span or less

⑤ Ambient temp. range : −25~85℃

(6) Flow elements

Flow element shall be selected within the following types

① Flow nozzle type : For high pressure large flow Accuracy within ±1.0% of span

② Flow orifice type : Replaceable type, accuracy within ±1.0% of span

③ Area meter type : For oil flow, accuracy within ±1.0% of span

④ Cone type : For steam, water, oil flow, accuracy within ±1.0% of span

⑤ Ultrasonic type : For steam or water flow, accuracy ±0.5% of span

⑥ Condensate reservoirs(pot) shall be furnished for all steam and water used for 120 deg.C or more condition.

Orifice plate shall be stamped on the up-stream side with instrument tag No. pipe size, I.D., orifice beta ratio, capacity and differential. Mounting flanges and all accessories shall be supplied.

(7) Level instrument

Level Switches wherever possible shall be of external float cage type and furnished with a drain valve and vent plug. For low pressure tanks, float type level indicator with contacts for alarm shall be furnished. Level gauges shall be supplied with drain valves, shut-off valves, ball check valves and gauge guards. Upper and lower check valves shall be equipped with ball checks which, in the event of glass breakage, shall automatically seal to prevent the leakage of vessel contents. For sea water applications, the material(chamber, float and etc.) of level switch shall be 316L and shall have flange connections. All accessories shall be supplied.

(8) Transmitter

① General

All transmitters and/or transducers shall be coordinated with their corresponding receiving instrument and control devices. All transmitters shall contain integrated indicators. Indicator scales shall be calibrated in secondary units and shall have the same range as the associated receivers. All parts subjected to the fluid being monitored shall be fabricated of materials suitable for the service.

All transmitters(flow, pressure, differential pressure, temperature, position and level transmitters) shall be of the smart type with HART protocol or OWNER approved equal. Yoke mounting on 2" pipe stanchion shall be applied except where surface mounting is required. A portable calibrator shall be supplied for calibration and maintenance. It shall be possible to communicate between transmitter and remote communication on line. All accessories shall be furnished with all required flow elements, instrument valves, blowdown valves, manifold piping, condensate reservoirs, nipples, welding adaptors and other necessary accessories.

② Electronic transmitters

- Type : Smart type
- Signals : 4 to 20mA DC, two wire
- Power supply : 24V DC
- Process connection : 1/2" NPT
- Electrical connection
- Accuracy : ±0.1% of span or less
- Housing : NEMA 4, water and dust tight

(9) Panel mounted instrument

Control switches, pushbuttons and indicating lights shall be provided so as to ensure uniformity of operation interface in the main control room. The Supplier shall state his minimum requirements in this area. The arrangement and direction of operation of control switches, pushbuttons and indicating lights as follows ;

① Control switch and pushbuttons

- Right or top : Start, auto, close(circuit breaker), open(valve), on, raise and other positive or increasing switch actions and associated indicating lights
- Left or bottom : Stop, manual, open(circuit breaker), close(valve), off, lower and other negative or decreasing switch actions and associated indicating lights

② Indicators

- Red : equipment or process operating, flowing or in an increasing conditions, breaker closed in a decreasing conditions, breaker open
- Green : equipment or process not operating, not flowing or in a decreasing conditions, breaker open
- Yellow : Overload, automatic trip
- White : Ready or automatic standby

Blue indicating lights shall be avoided because of the low level of brightness obtained with this color. Lights that indicate equipment status such as motor operated valves, or isolation valves shall show both red and green lights when in intermediate positions or flickering to operating direction.

(10) Cabinets(Cubicles)

Cabinets shall be of steel fabrication construction provided with shelves on which mounting plates can be accommodated. The height of the cabinets shall be approximately 2300mm, unless otherwise noted, the height of cabinets shall be restricted to 2.5 meters including channel bases.

Unless otherwise approved, cabinets shall be not less than 600mm wide and shall be of such size to permit full and free access to all terminals and equipment mounted in the cabinets.

Cabinets shall be of modular design with the equipment located in clearly identified function groups. Space for additions to the module (10 percent in each section) together with spare field terminals (10 percent) shall be provided.

Cabinets shall be provided with front and rear access. Hinged doors shall be provided and arranged to swing at least 135 degree and not restrict access to the apparatus contained within the cabinet. Hinged doors shall be of captured hinged type secured with integral handles and shall be flush fitting and be dust proof. Provision shall be made for locking all doors. The inside and outside color of all cabinets and junction boxes shall be painted MUNSELL NO. 5Y7/1. Interior lighting shall be provided in all cabinets and shall be controlled by door switches. Electrical the lighting fixture shall be 120V AC, 60Hz, single phase. The lowest mounting accessories shall be not less than 500mm above floor level. The construction of all cables cabinets and junction boxes shall be such that cable terminations are arranged for bottom entry of cables as may be appropriate.

Field wiring, including the runs from the devices located in the main control room, shall enter the marshalling cabinets at bottom and will be connected from field junction boxes to these marshalling cabinets via multi-cable using maxi-terminal block. The Supplier's wiring shall all be terminated on the same side of the terminal block or column of terminal blocks leaving the other side for OWNER's wiring. All electrical connections between adjacent cabinets and prefabricated cables shall be done by the Supplier. The Field wiring shall be separated at least 480VAC, 120VAC and 125VDC sections. All terminals in the termination cabinet shall be of the heavy duty type utilizing No 6 screws as a minimum.

The Supplier shall submit all signal and power grounding and ground requirements for approval. A ground bus consisting of 6mm×25mm copper bar shall be supplied and connected to metal of each section extending the full length of the cabinet. The Supplier shall provide a grounding connector suitable for 16 sq.mm thru 95 sq.mm bare copper cable at one end of the copper bus for OWNER's single ground connection. In the solid state logic area the ground bus shall be an insulated conductor of adequate cross section. One electrical convenience outlet shall be provided for each two section of the cabinet for use with test instruments. These outlets shall be connected to a separate 120 volts receptacle bus.

Filters and plenum chambers, if required, shall be provided at the top and bottom of each cabinet to allow air distribution for cooling purposes and shall be readily accessible for maintenance. Cooling fans shall be furnished with direct and reverse rotating type, if necessary, to dissipate expected extensive heat. Any forced air flow shall be from cabinet bottom to top.

All enclosures for indoor use shall be NEMA type 1 for main electrical building, NEMA type 2 for moisture falling area, and NEMA type 12 for dirty area, as defined in NEMA standard ICS 6.

All instrument enclosures for outdoor use including boiler/turbine area shall be NEMA type 4 and be equipped with grounding terminal, power receptacle, internal lighting and space heater(self acting controlled type with thermostat).

All instrument enclosures for use in hazardous area shall be NEMA type 9F designed to meet NEC Article 500 requirements for the particular area.

Space heaters shall be provided where condensation could cause system malfunction. Space heaters shall be thermostatically controlled and wired to their own individual branch circuit breaker. Space heaters shall be rated 240 volts for operation on 120 volts AC.

(11) Communication cables, Interconnecting and Prefabricated cables

Prefabricated cables shall be furnished with plug-in connectors at each end. The cables shall be insulated for 600 volts with stranded copper conductors not smaller than 1.5 sq.mm. Insulation and jacket material shall be in accordance with ICEA Publication. The cables shall be tagged at each end with the identifying connector number.

(12) Control drives

Control drives shall be either of the electric, pneumatic, or hydraulic type suitable for service condition. Control drives for vanes and dampers shall be equipped with fail safe devices.

Control drives, vanes, dampers, etc., shall include an appropriate position transmitter and all other accessories required.

All control drives shall include the following integrated features and accessories ;

① Direct manual operation and access to the hand wheel shall not require opening or removal of the enclosure.

② Position indicator located outside the cover in full view of the operator.

③ Adjustable minimum and maximum stops.

Standard working temperature is −25 to 80℃. Space heaters(if required) shall be wired to a terminal block with in the drive enclosure.

〈Control valve〉

The valves shall not create a sound pressure level, as defined by OSHA standards, greater than 85 dBA under specified operating conditions. Alternative valves, noise attenuation devices, or different piping arrangements may be offered to satisfy OSHA standards. The Supplier shall show on the data sheet predicted sound levels, if greater than 85 dBA. Control valves shall be designed to give positive control, and free from cavitation over the entire load range. All materials used must meet applicable codes and standards. Valves welded in piping shall be of a design to permit removal of plugs and seats without removing the control valve from the line.

• Actuator

The actuator shall be sized to control the valve action from wide open, fully modulating to shut−off condition without excessive oscillation or hunting caused by fluid−produced disturbances. An auxiliary manual actuator(handwheel) shall be supplied. Handwheels shall be disengaged in a neutral position when the valve is in normal operation. Valve shall have travel indication of open/closed and intermediate positions. The positioner shall be microprocessor based with digital communication and diagnostics capability by means of HART protocol. Also, It shall be two wired, 4~20 mA DC loop powered the control system. The positioner shall have local access module for handheld communicator shall be supplied for field diagnostics and configuration.

• Accessories

Accessories, such as positioners, current to pneumatic transducers, limit switches, solenoid valves, air lock devices and others shall be supplied where required.

Electrical enclosures shall be NEMA4. Electrical conduit connections shall be 3/4" PF. Pneumatic accessories shall be suitable for outdoor service, with 1/4" NPT connections. Air set shall be capable of filtering and reducing pressure.

Positioner shall be field adjustable or stroke and field reversible. The positioner shall be supplied with input, output(s), and supply gages. All electrical accessories other than solenoid valves shall have screw terminals, capable of accepting a 600V, stranded conductor 1.5 sq.mm or larger wire. A junction box will be mounted on each valve that has more than one electrical device such as limit switches, solenoid valves. Wiring shall be connected from these devices to a terminal strip. Flexible conduit shall be used. The box must be large enough for easy field access.

- Sizing

The Supplier shall be responsible for the proper sizing and selection of all control valves. Valves Smaller than 2 size under the inlet pipe size are unacceptable.

Valve trim shall be sized to maintain control when modulating between maximum and minimum flow rates. The valve shall have sufficient capacity to pass 110 percent of maximum stated flow.

- Identification

The following shall appear on the valve body either in cast form, stamping, a stainless plate or any combination marked in accordance with ANSI B16.34 ;

- Manufacturer's name or identification and valve serial number
- Body material class, and size
- Flow direction
- Maximum shutoff pressure
- Trim material
- Flow characteristics

- Solenoid valve

Solenoid valves shall be of adequate size to insure proper operation. Solenoid valves shall have soft seats to insure tight shut off. Material shall be suitable for service fluid. Solenoids shall have sufficient thermal capacity for continuous energization. Solenoid valves shall be yoke or diaphragm mounted complete with interconnecting brass pipe or copper tubing between the solenoid valve, diaphragm and positioner. Solenoid coil insulation shall be Class H or suitable for environmental conditions and enclosures NEMA 4 or better with 22mm(3/4 Inch)PF conduit.

Solenoids designated as "AC" shall be suitable for continuously energized operation from a 108－132V 60Hz AC power source. Solenoids designated as "DC" shall be suitable for continuously energized operation from a 105－140V DC source. However, the power level shall be selected later and subject to OWNER's approval. The Supplier shall advise OWNER of the power consumption and inrush current ratings for solenoid valves supplied.

- Limit switch

Limit switches shall actuate at open or closed or intermediate position as requested. The rate of limit switches shall be 120V AC 10A and 125V DC 0.5A inductive minimum.

(13) Instrument Installation Requirements

Instrument tubing between devices shall be installed according to the Supplier's standard practice, however, OWNER's approval of the Supplier's layout and installation drawings is required before fabrication. Pressure measurement tapping points shall be generally in accordance with specification for the affected pipe.

These tapping points shall be equipped with one root valve except for high pressure installations(greater than 30 kg/sq.cm), two root valves shall be provided. For instrument blowdown/drain lines there shall be one isolation valve except for installations where the pressure is greater than 30 kg/㎠, two isolation valves shall be provided. The materials used in fabrication or installation shall be as followers :

- Sensing lines : Seamless Stainless Steel
- Tubing : Seamless Stainless Steel
- Fitting : Stainless Steel
- Valve/manifold valve : Stainless Steel globe valve

Pneumatic signal lines

- Tubing : PVC coated Seamless copper
- Fitting : Brass
- Valves : Brass or bronze globe valve

Instrument primary piping design conditions are the same as for the piping system to which the tubing is connected. Minimum O.D for all piping is 1/2 inch NPT.

The Supplier shall provide the air manifolds and instrument air supply lines for all instrument action including all valves and fitting within the Supplier's scope of supply. The All connections to instruments, filter－regulators and valves shall be via tube fittings.

The Supplier shall provide a purge air system controlled by purge equipment for each instrument connection exposed to flue gas or fly ash.
The pre－insulated or electrical heat tracing tube shall be used for instrument sensing lines installed for the water and steam process line to protect operator from a burn, heat loss, freezing and dewdrops.
The pre－insulated and electrical heat tracing tube shall meet these following technical specifications.
Pre－insulated and electrical heat tracing tube shall meet the design pressure and temperature condition of main pipe line which connected to. The rising of surface temperature should not over 60 deg.C. Electrical heat tracing tube shall have constant wattage type heaters. Electrical heat tracing tube shall have an addition electrical wire to monitoring the status of heater cable.
Double tube type electrical heat tracing tube shall be used for differential pressure type instruments connected to the process line below 200 deg.C.
Single tube type electrical heat tracing tube shall be used for differential pressure type instruments connected to the process line above 200 deg.C.
Pre－insulated and electrical heat tracing tube shall have moisture protection function. equipment protective device for ground fault is required.
When the outer jacket and insulation parts of pre－insulated and electrical heat tracing tube are removed for installation of field instrument, the removed parts shall be restored adequately by the way of manufacturer suggested.

〈Instrument cabinets〉
The Supplier shall provide the instrument cabinets to mount transmitters and other local instrument. The cabinet shall meet the following requirements.
All instrument cabinets for outdoor use including boiler and turbine area shall be NEMA type 4X and be equipped with grounding bus bar, power receptacle, internal lighting, space heater(self acting controlled type with thermostat), observation window made of tempered glass, provision for SPD (surge protection device) installation, and 3 electrical terminals for AC120V, AC220 and signal.
All instrument cabinets for outdoor use shall be made of 316SS including square base All instrument cabinets for outdoor shall have thickness of front door

2.0mm and side & rear 2.0mm All instrument cabinets for indoor use including boiler and turbine area shall be NEMA type 12 and be equipped with grounding bus bar, power receptacle, internal lighting, space heater(self acting controlled type with thermostat), observation window made of tempered glass, temp. transmitter to monitoring the enclosure inner temp.(for steam application) and 3 electrical terminals for AC120V, AC220 and signal.

All instrument cabinets for indoor use shall be made of rolled carbon steels except base square channel. The square base channel shall be made of 316SS.

9. Inspection and Test

OWNER reserves the right to witness all shop test, access and inspect any of equipment or work provided under this contract, and may reject any portion thereof, in his opinion, which is defective or unsuitable for the use and purposes intended, not comply with this specification or certified copies of required inspection and test data are not available for review.

The Supplier shall provide every facility to enable the OWNER's inspector to carry out the inspection and test. The Supplier shall advise OWNER promptly when the equipment is ready for inspection and test.

OWNER has the right to indicate the test and inspection to be carried out by the Supplier, or to witness or perform after review of the Supplier's test plan.

(1) Factory(Shop) Test and Inspection

Test and inspection shall be in accordance with applicable code and standards and this specification. If Test and inspections are not covered by above requirements, test and inspections shall be performed in accordance with manufacturer's standards after OWNER's acceptance. OWNER will provide representatives to witness all segments of the shop testing program.

The Supplier shall submit quality inspection plans and detailed quality inspection procedures to OWNER for approval at least ninety(90) days prior to fabrication.

The Supplier shall submit the quality inspection reports and quality inspection plans signed by inspector to OWNER at least ten(10) days after the test.

Certified copies of design(type) tests performed on identical equipment will be acceptable in lieu of performing design(type) tests on the equipment supplied.

The workers performing wiring and clamping terminal process shall be pre-qualified and certificated in accordance with appropriate procedures approved by OWNER, and the list of workers and verifiers shall be attached to the inside of panels.

(2) Field(site) Test and Inspection

The equipments shall be retested following the shipment and installation at the plant site. The purpose of this test is to confirm that all possible damage that might have occurred during transit had been corrected and the equipments are ready for operating. OWNER will provide personnel to witness the field testing and inspection of these systems. The Supplier shall prepare a written test program, test schedule, provide technical direction and prepare test data reports for the field testing segments of each system.

All instrumentation shall be checked before and after test to ensure that they give accurate indication and calibrations have not altered during test.

Field test and Inspection for the equipments shall include, but not be limited to, the following functions :

The Supplier shall provide technical advice in order to inspect all hardware elements and cabling for correct installation.

The Supplier shall provide technical advice in order to check all external and internal power source wiring and grounding for correct installation and compatible voltage levels. Hardware elements that fail during testing and commissioning activity shall be replaced by the Supplier at no cost. Upon the satisfactory completion of diagnostic testing, the system shall be powered down for the termination of input/output wiring.

The Supplier shall provide technical assistance and work in conjunction with OWNER to verify the correct installation of devices and wiring.

1. DCS Configuration Drawings

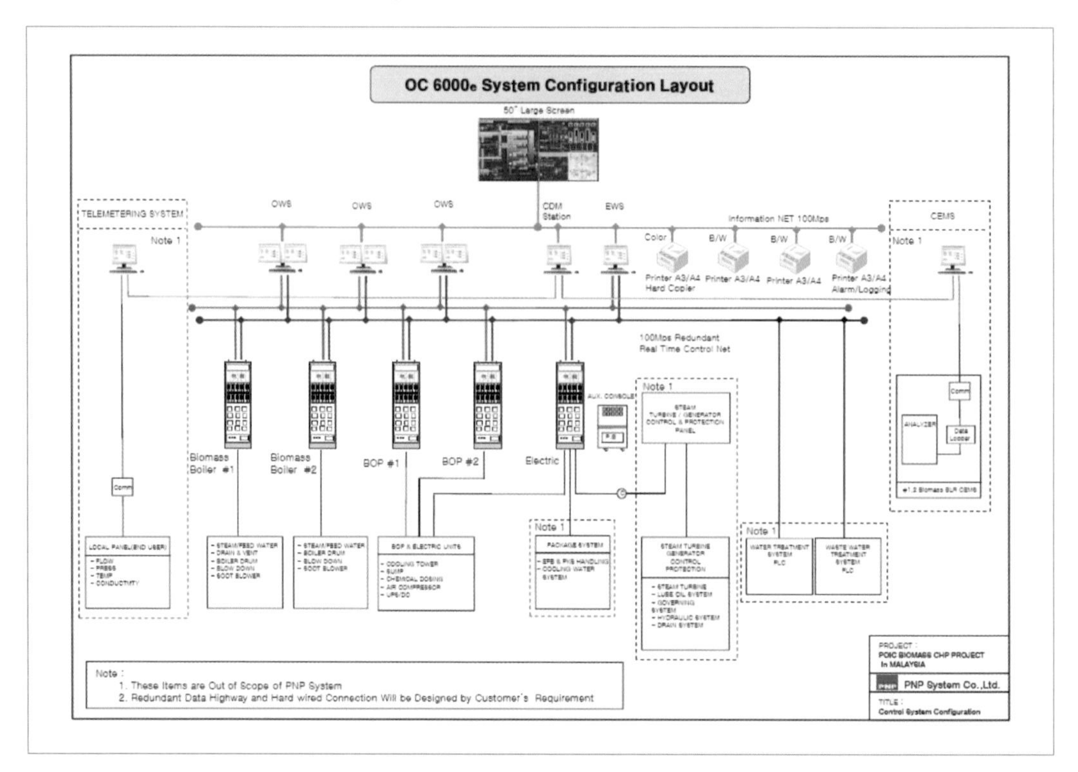

2. Technical Data Sheet 예

NO.	Description	Unit	Data
1.	DCS		
1.1	Operator Station(OWS/EWS)		
1)	Manufacturer/Model		GE/OC6000e
2)	Country of Origin		Singapore
3)	No. of operator stations	sets	4 (EWS : 1, OWS : 3)
4)	Operating system		Window XP
5)	Include engineering workstation software	yes/no	Yes
6)	Processor model no. clock frequency		P4/2.8GHz
(1)	Initial program loading	yes/no	Yes
(2)	Real time clock	yes/no	Yes
(3)	Interval timer	yes/no	Yes
(4)	Power outage timer	yes/no	No
7)	Processor word length	bits	32
8)	System memory		
(1)	Main	GB	1GB
(2)	Hard disk	GB	160GB
(3)	Optical disk type		DVD
9)	Monitor		(OWS : 2, EWS : 1)
(1)	Manufacturer/Model		Samsung
(2)	Quantity	sets	7
(3)	Type		TFT LCD
(4)	Resolution(pixels)	h x v	1920×1200
(5)	Number of colors		256
(6)	Screen refresh frequency	Hz	60
(7)	Size	Inch	24 Inch Wide
10)	Keyboard		
(1)	Manufacturer/Model		Standard KB
(2)	Quantity	sets	No Special KB
11)	Interfaces to		

PLANTENGINEER

참·고·문·헌

1. 미국 Construction Industry Institute, Conference Proceeding(2003)
2. 정영렬, 발전플랜트 발주 방식 개선 방향, 한국플랜트학회(2006.09)